[生活美學 9]

歐燕®
PP帶編織教學

****

廖歐淑燕 / 著

博客思出版社

自由揮灑創作能量。

自我學習一項專門的手工藝有許多的方法與竅門，有人從學校正規學習，有人從坊間學習；這些學習必須是有創意性的、手法純熟的、可被教導及傳頌的、有商業及藝術價值的或者是經過市場的驗證及洗禮，歐淑燕老師的書囊括了上述的特色。PP帶（俗稱打包帶）為素材編制的包包、書籍及其產品，是一個以環保概念出發，以創意價值為導向的綠色文化財，是一項合於現代需求的環保綠手藝，如果您的創意無限，想自我實現，想擁有獨一無二的手工包包，或以此作為創業基礎，這是一本很好的參考書籍。

本書從「認識編織藝術開始」導入，教您認識及使用「編織材料及工具」，並運用各種輔料來美化產品；書中以「穿套技法」及「挑壓技法」為二大技法主軸，並以此來展開運用「田字編法」、「平編法」、「斜編法」、「六角孔編法」、「八角孔編法」、「輪口編法」六大編織技巧製作成成品，並用精美的成品圖片讓讀者能夠輕易相互的對應、對照，讓讀者能夠一窺編織的寶殿，這本書由淺入深非常適合初學者用做自我學習及高階老師教授學生之教材使用，是值得收藏及學習的教材。

敝人擔任勞委會創業顧問多年，歐淑燕小姐是我喜愛的學生之

一，她的創業過程戲劇化程度猶如世界上多數成功的創業名人一般，起初她的創業由一個小空間開始、在各方支持度不高的心裡障礙下，她開始了不被看好與祝福的創業，在本人輔導淑燕的過程中，有時她遭遇到的困難令人咋舌，但是她總是能夠很樂觀又充滿正面能量的去面對難關。淑燕具有努力工作、專注、專業、創意、堅持、熱情、自我要求、不斷成長、樂於助人……等，這些成功創業者的獨有特質，淑燕的創業過程及健康的創業態度，足以作為創業者的標竿與楷模。看到她多年的教學經驗及傳承的理想能夠付諸實現，並成為文字的記載，令人雀躍，在本書出版之際能夠先睹為快，樂於推薦本書給讀者，這是一本值得收藏與流傳的好書。

勞委會創業中南區　創業顧問
國家訓練品質計畫TTQS　輔導顧問
台中市政府庇護工場　評核委員
台中市政府創業診斷服務實施計畫　輔導顧問
新竹市政府殘障輔助計畫　顧問、評審委員
立人企管顧問公司　高級顧問師

王祚胤

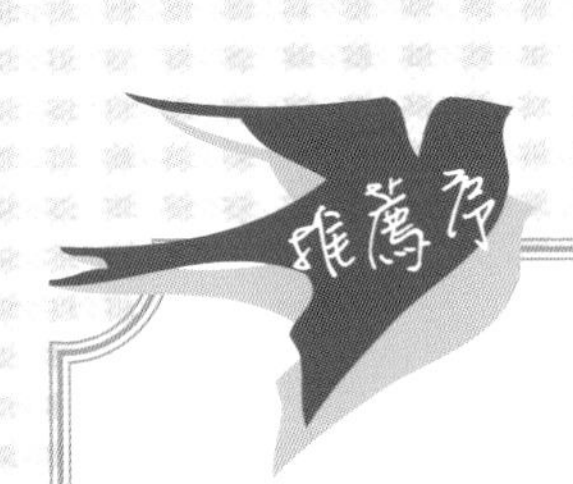

傳統與時尚的融合。

當聽到淑燕要出版編織作品製作的工具書時，我有說不出的高興！這個夢想在她的心中吶喊千百次，老天爺終於聽到了！

2007年台中市飛雁創業協會，為會員姊妹尋找好商品曝光，建立集合式品牌形象，運用各姊妹專長以團隊力量整合行銷，舉辦徵選台中飛雁品牌代言人活動，淑燕得到前五名的殊榮。

這一路走來看到淑燕的努力、堅持和成長。為了學PP帶編織，不僅雙手傷痕累累，內心更是百感交集。如今更戰勝不可能，再度得到先生的認同與支持，完成傳承編織文化技藝的夢想。書中有許多創新的技法是得到老師的認同而加以運用，這些靈感常常是午夜夢迴不放棄的研究、製圖產出的作品。手工編織呈現堅忍的耐力與毅力，讓淑燕生命活得光彩。她願意將陪著走過低潮與快樂的編織技術分享，使得編織文化繼續延續，守護、傳承台灣的美麗資產。

這是一本值得收藏的工具書，不僅可以透過書中細膩的解說與圖示，親自完成手做的樂趣，傳承技藝的夢想，更可以激勵每一個人堅持圓自己的夢！

簡妙鉥

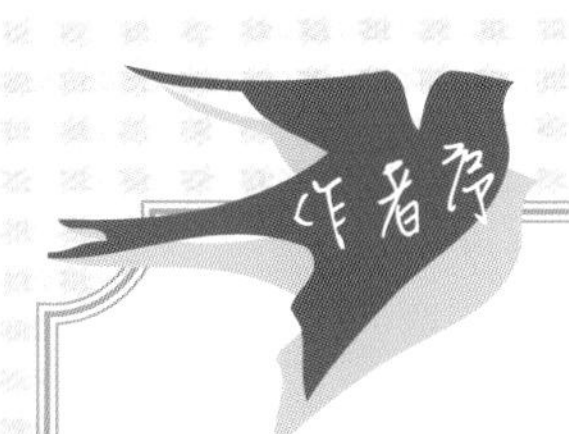

編織，令人著迷！

曾忙於工作，因病退出職場，過簡單生活的家庭主婦，因緣際會學了PP帶編織，為學PP帶編織，常弄得傷痕累累，也為了興趣使然要清礎明白，常研究、製圖、編織至深夜；學了編織又有機會學手工皂，於2009年7月取得手工皂中華民國專利證書第M360886號，為犒賞自己給特別的生日禮物，在台中市豐原區成功路392號成立歐燕工作室。

編織是一項令人著迷的玩意，既可腦力激盪、活絡肢體又可使人心境平穩、磨練耐力與毅力，學習中肯定自我，自己嚐到好處，也想將這手工藝來分享大家、

擬將自己的編織作品製作工具書，讓這傳統技藝有跡可循的傳承下去。

廖歐淑燕

Contens

目錄

chapter 5

chapter 6

chapter 7

認識編織藝術

將老祖宗的智慧有效流傳，提昇及改變傳統編織技法，讓編織的生命力繼續流傳延續。

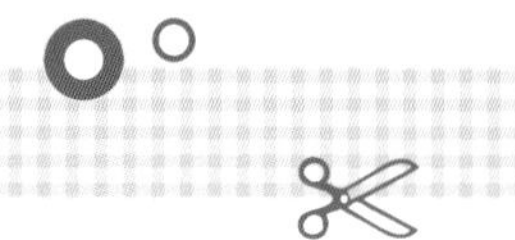

認識編織

何謂編織

編與織是兩種不同性質技巧，編是利用線與線之間的相鎖、相鈎、環與環之間的相扣等技巧。織是以經緯線交叉產生多元化的紋路。如：平紋、斜紋、十字紋，菱紋等，以增加其裝飾意味。

編織的範圍

日常生活中所接觸的衣服、布料、網、籮筐、籃、飾物、家具等，所用之材料亦很多。如：藤、竹、大甲草、蔴、棉、絲、尼龍、混紡、人造絲、皮片、塑膠片等。

編織法

1. 挑壓法：

斜向或垂直的經緯交叉壓疊，經緯線數目不同。編法有壓一挑一、壓二挑二、六角、輪口……林林總總有不同編法。（圖01~04）

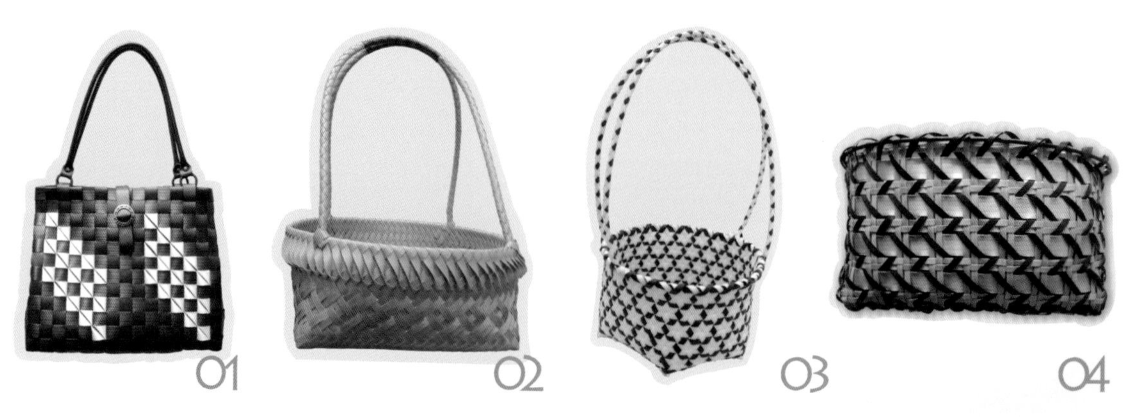

2. 穿套法：彎曲的套環相互穿引挑壓，如十字，井字（田字、環環相扣）編。（圖05~08）

3. 編結法：利用穿套、鈎結相互鈎連，如：手提提把。（圖09~12）

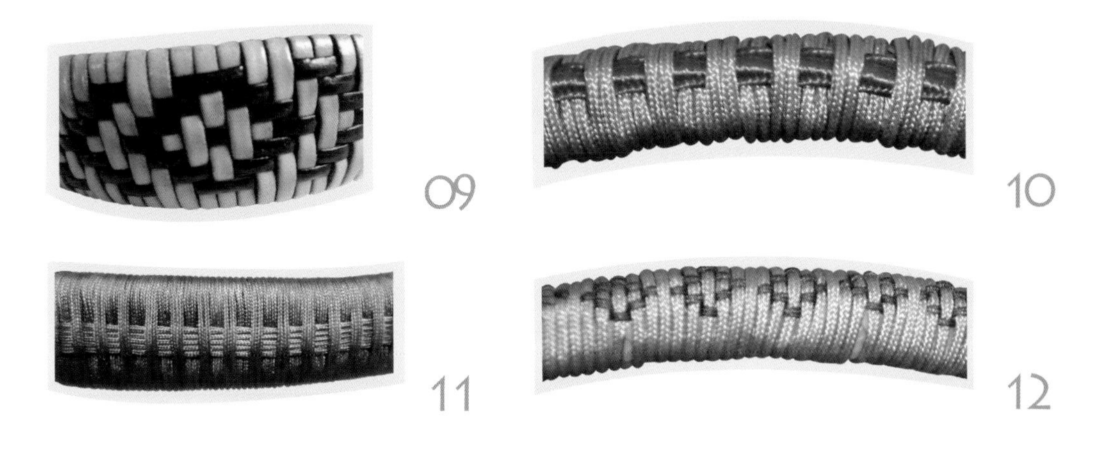

參考書目

◆ 基礎工藝實習 下冊《基本編織法及應用》陳明和著　正文書局
◆《家庭工藝 竹編織花紋》（篾絲編織法）劉惠智著　華榮圖書有限公司

常見基本起編法

常見挑壓基本起編法

練習下列基本編織法，可利用紙條、竹篾、皮片、塑膠片等材料。學會下述的基本編織法，就可加以變化應用，甚至於自行設計主題來編織。

1/1式編織法：

是一條在上，一條在下的交互編織法，將第一條緯線自經線縫中上、下、上、下地穿進。編第二條時，自同一經線縫中作上、下、上、下之編織，以此類推，此法是極為簡單且容易。

2/1式編織法：

二條在上，一條在下的交互編織法。穿第二條線時，必須將經線間隔一條壓在下方，以此類推。

3/1式編織法：

三條在上，一條在下的交互編織法，此法與2/1式編法相似。

1/2式編織法：

一條在上，二條在下的交互編織法，與2/1式編織法相反 。

2/2式編織法：

二條在上，二條在下的交互編織法，亦即當穿織第二條緯線時，必須間隔一條經線再依二上二下穿織，穿織第三條緯線時，再依次間隔一條經線穿織，依此類推，此法在橫的方面形成階梯式。

3/2式編織法：

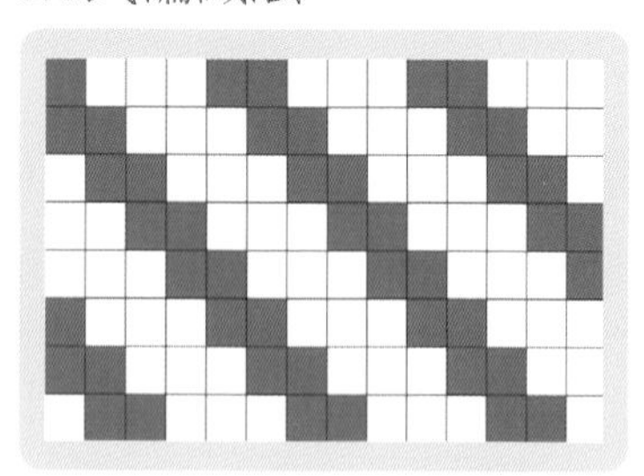

三條在上，二條在下的交互編織法。

3/3式編織法：

三條在上，三條在下的編織法，其編織方法同2/2式，橫的方面形成階梯式。

梯形（人字形、竹蓆）編織法：

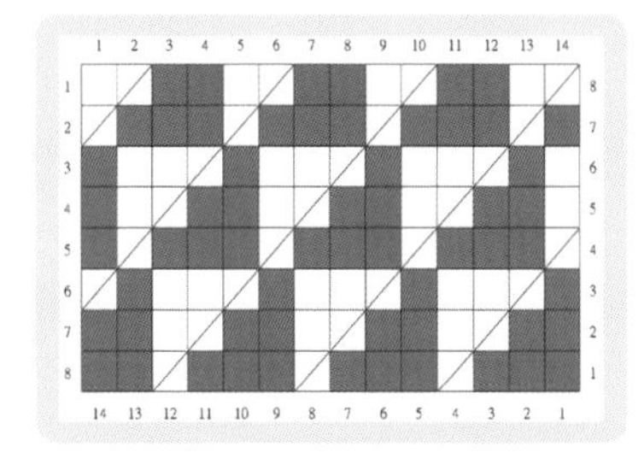

兩異色線編織，將直排經線全排上，再將異色線由右向左第一條以壓三挑二，第二條壓二挑三，第三條壓一挑二壓二，第四條挑三壓二(第一條反向)，第五條挑一壓三挑一，第六條挑一壓二挑二，(快速由左向右：每做一條向右退一格，口訣：第一條 1.3 第二條 2.2 第三條3.1)，如此循環編織，即可構成梯形紋。

口字形（回字、升眼）編織法：

依圖形，採口字形編形成圖案

六角孔編織法：

以二條直線起頭，右線挑直線壓左斜線(壓直線挑左斜線)，左線壓直線挑右斜線(挑直線壓右斜線)，織成六角孔，左右斜線編織原則採相反挑壓。

八角孔編織法：

縱線全排，橫線採一上一下，右邊斜線採挑橫壓直(挑直壓橫)，左邊斜線採壓橫挑直(壓直挑橫)，左右斜線編織原則採相反挑壓。

輪口（圓孔、蛇目形）編織法：

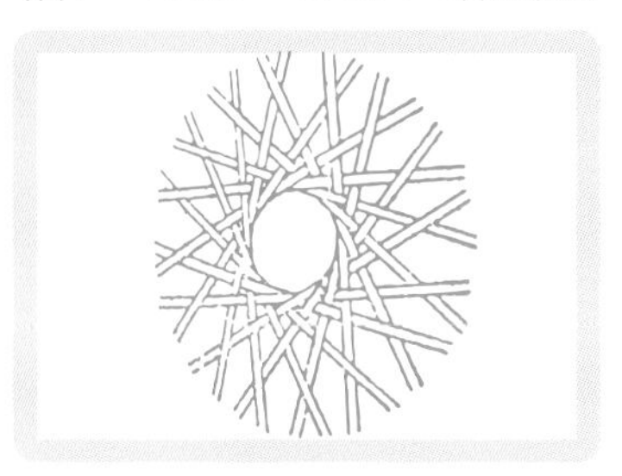

以四條(愈多條，輪口愈小)為一單位，依序重疊散開，再增加四條，並注意其交織，此為難度較高的編織法。

編織材料及工具使用

工欲善其事，必先利其器，了解工具的使用，使事情變得更簡單。

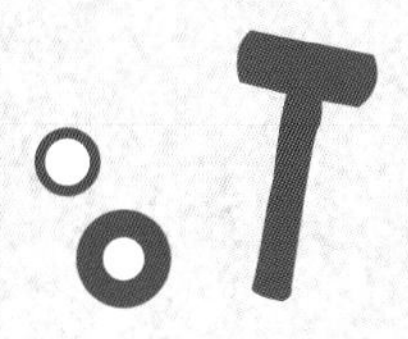

各式編織帶比較表

材質／比較	色澤	拉力&支撐力	寬度	質感	編織過程
珍珠帶	顏色較鮮豔，有珍珠的光澤，色澤較不平均	拉力較弱，避免重覆拉扯，可加墊板加強支持力	21mm，12mm，9mm，6mm	成型時塑膠的感覺較大，質感佳	輕鬆省力，花樣款式時尚，易編織、上手容易
波紋帶	顏色較霧，優雅、質感、飽和度佳	同珍珠帶，通常使用波紋帶+珍珠帶質感更優	21mm，12mm	較有皮的感覺，柔軟、有質感	輕鬆省力，花樣款式優雅，易編織、上手容易
松紋帶	特殊紋路、木質紋路，色彩鮮豔飽和	較為強韌、耐拉，支撐力足夠	21mm	質感較有韌性、耐拉，不刮手	好編、與珍珠帶搭配更亮眼
布感織帶	亮麗、顏色豐富、精緻	拉力一般、不傷手	6mm	較柔軟、成品容易塑型	需注意回穿技巧、質感佳
環保再生皮繩	飽滿、色彩鮮豔	有彈性、拉力比真皮佳	2mm，3mm，4mm	容易表現編織個性，質感如同真皮，價值感高	容易上手、輕鬆編織，款式容易變化
強韌柔軟型珍珠帶	亮度佳	拉力佳、不易斷，不會刮傷衣服	12mm，6mm	亮度夠亮，色彩鮮明	輕鬆省力，花樣款式優雅，易編織、上手容易
仿籐編織帶	接近籐編的原色，質感佳	承重度佳，不易變形，柔軟度佳，較打包帶易編織	8mm，6mm	優良	不需花費太大力氣拉扯，但挑戰性高，變化大
打包編織帶	飽滿，亮度較差	承重度佳，不易變形，易刮傷衣服	6mm，9mm	適合製作承重置物籃	較費力，製作時挑戰性高
打包帶	無亮度	承重度佳，不易變形，易刮傷衣服	12mm，15mm	粗糙，易刮手，髒污難清	較費力，製作時挑戰性高

感謝莉綺亞實業有限公司提供
地址：台中市潭子區大通街93巷47弄6號
電話：04-25312179 傳真：04-25357549
E-mail：everrich.r@gmail.com www.everrich-r.com

感謝偉程包裝事業有限公司提供
地址：台中市潭子區栗林里中山路三段324號
電話：04-25323625 傳真：04-25323645

各式編織帶

◆ 珍珠帶 (N1) 21mm

◆ 珍珠帶 (S) 6mm, 9mm ,12mm

◆ 波紋帶 (S) 21mm

◆ 松紋帶 21mm

◆ 布感織帶 (B1) 6mm

◆ 布感織帶 (B2, B3) 6mm

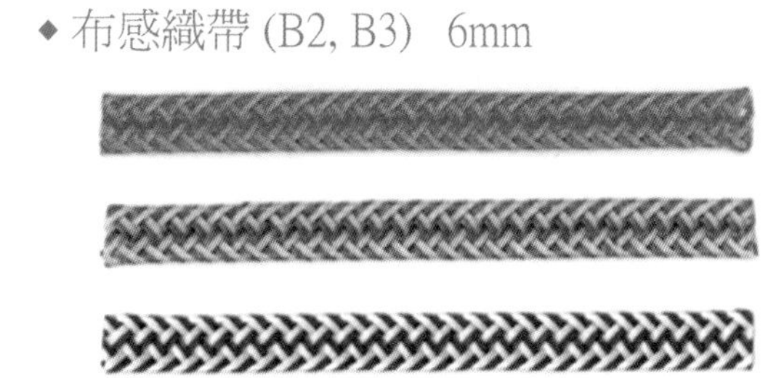

◆ 環保再生皮繩 2mm, 3mm, 4mm

◆ 珍珠帶 (強韌柔軟型) 12mm

◆ 雙色仿籐編織帶 6mm

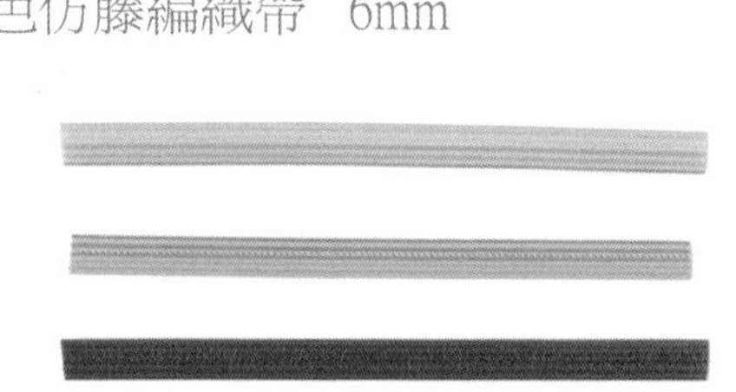

編織帶中文顏色

珍珠帶（N1） 21mm

◆感謝莉綺亞實業有限公司提供 TEL:04-25312179
FAX:04-25357549

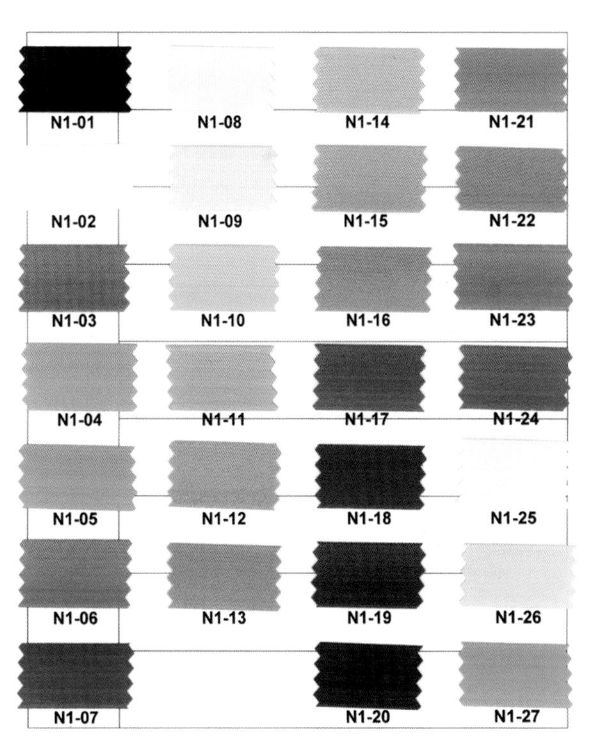

N1-01 黑色
N1-02 白色
N1-03 金色
N1-04 銀色
N1-05 藕色
N1-06 棕色
N1-07 深棕色
N1-08 黃色
N1-09 黃色
N1-10 深黃色
N1-11 芥茉黃
N1-12 粉橘
N1-13 橘色
N1-14 粉色
N1-15 深粉
N1-16 桃粉
N1-17 紅色
N1-18 鮮酒紅
N1-19 酒紅
N1-20 暗酒紅
N1-21 胭脂色
N1-22 橘色
N1-23 紫羅蘭
N1-24 桃紅
N1-25 米白
N1-26 米色
N1-27 香檳色

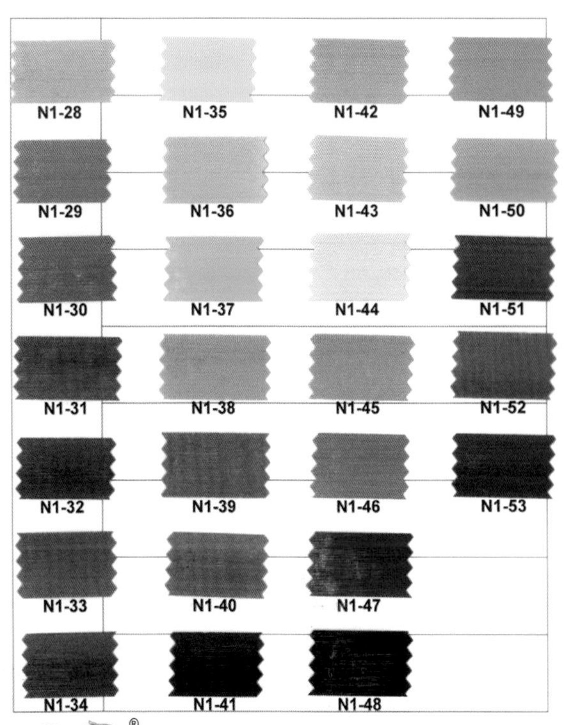

N1-28 淺紫色
N1-29 紫色
N1-30 紫色
N1-31 深紫色
N1-32 暗紫色
N1-33 藍紫色
N1-34 紫色
N1-35 綠色
N1-36 草綠色
N1-37 鮮綠色
N1-38 鮮綠色
N1-39 深綠色
N1-40 藍綠色
N1-41 墨綠色
N1-42 水藍色
N1-43 水藍色
N1-44 藍色
N1-45 海藍色
N1-46 藍色
N1-47 深藍色
N1-48 慈濟藍
N1-49 芥茉綠
N1-50 綠色
N1-51 咖啡
N1-52 鐵灰色
N1-53 深咖啡

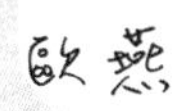

珍珠帶（S） 6mm, 9mm ,12mm 

◆感謝莉綺亞實業有限公司提供

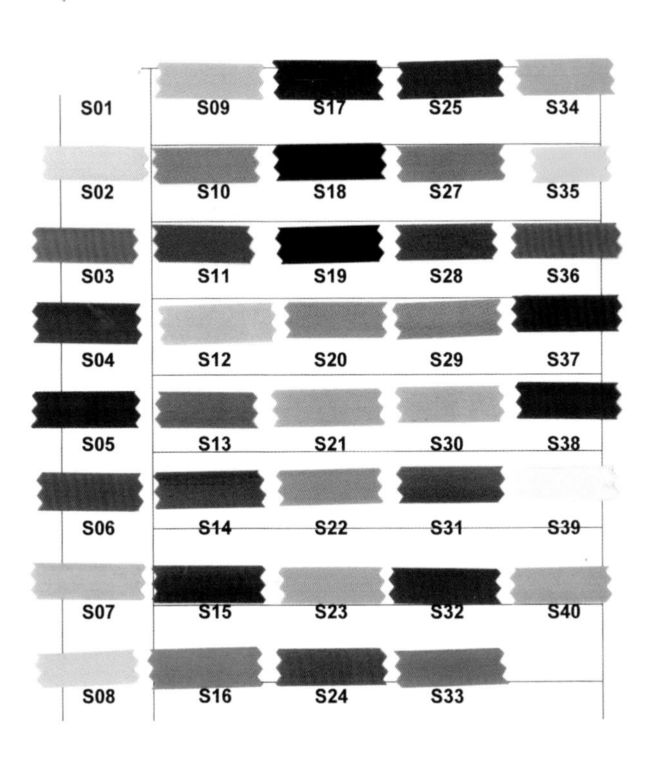

S01 白色	S16 藍	S31 桃紅
S02 米色	S17 寶藍	S32 棕色
S03 金色	S18 深藍	S33 紫色
S04 咖啡	S19 黑色	S34 綠色
S05 深咖啡	S20 桃色	S35 螢光綠
S06 鐵灰	S21 銀色	S36 深綠
S07 綠	S22 胭脂色	S37 墨綠
S08 黃	S22 胭脂色	S38 暗酒紅
S09 粉	S23 藕色	S39 淺黃
S10 橘	S24 藍紫色	S40 藍色
S11 紅	S25 酒紅	
S12 淺紫	S27 紫羅蘭色	
S13 紫	S28 紫色	
S14 紫	S29 粉橘	
S15 深紫	S30 黃色	

波紋帶（S） 21mm 

◆感謝莉綺亞實業有限公司提供

W01 W07 W14 W20 W26

W02 W08 W15 W21

W03 W09 W16 W22

W04 W11 W17 W23

W05 W12 W18 W24

W06 W13 W19 W25

W01 白色	W16 咖啡
W02 米色	W18 深紫
W03 深米色	W19 粉
W04 咖啡色	W20 桃色
W05 棕色	W21 紅色
W06 深棕色	W22 淺紫色
W07 深咖啡	W23 水藍色
W08 綠色	W24 淺綠色
W09 橄欖色	W25 螢光綠色
W11 草綠色	W26 黃色
W12 淺米色	
W13 灰色	
W14深藍色	
W15 黑色	

松紋帶　21mm

◆ 感謝莉綺亞實業有限公司提供　TEL:04-25312179
FAX:04-25357549

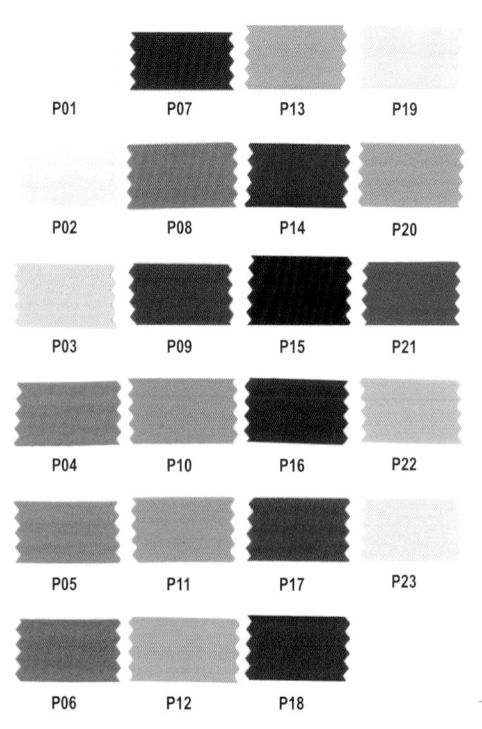

P01 白
P02 米
P03 黃
P04 木頭色
P05 深木色
P06 深橘
P07 咖啡
P08 鐵灰
P09 墨綠
P10 芋紫
P11 草綠
P12 淺綠
P13 銀
P15 黑
P16 暗紅
P17 淺紫
P19 淺粉紅
P20 粉紅
P21 亮紅
P22 粉紫
P23 粉藍
P24 紫紅

布感織帶（B1）　6mm

◆ 感謝莉綺亞實業有限公司提供

B1-01 B1-02 B1-04 B1-05 B1-06 B1-07 B1-08 B1-09 B1-10 B1-11 B1-12 B1-13 B1-14 B1-15 B1-16 B1-17 B1-18 B1-19 B1-20
B1-21 B1-22 B1-25 B1-26 B1-32 B1-33 B1-34 B1-35 B1-36 B1-37 B1-38 B1-39 B1-40 B1-41 B1-43 B1-44 B1-45 B1-46

B1-01 白色
B1-02 淡綠色
B1-04 黃色
B1-05 土黃色
B1-06 粉色
B1-07 桃紅色
B1-08 深桃色
B1-09 豆沙色
B1-10 草綠色
B1-11 綠色
B1-12 藕色
B1-13 銀色
B1-14 靛藍色
B1-15 黑色
B1-16 酒紅色
B1-17 紫色
B1-18 咖啡色
B1-19 深咖啡
B1-20 天藍色
B1-21 青藍色
B1-22 深藍色
B1-23 洋紅色
B1-25 鮮紅色
B1-26 米黃色
B1-27 橄欖綠
B1-28 灰色
B1-29 芥末黃
B1-30 綠色
B1-32 鐵灰色
B1-33 艷紅色
B1-34 寶藍色
B1-35 天藍色
B1-36 米色
B1-37 淺咖啡
B1-38 米白色
B1-39 藍色
B1-40 深藍色
B1-41 深紫色
B1-42 墨綠色
B1-43 螢光綠色
B1-44 紫色
B1-45 磚色
B1-46 墨綠色

布感織帶（B2, B3） 6mm 

◆ 感謝莉綺亞實業有限公司提供

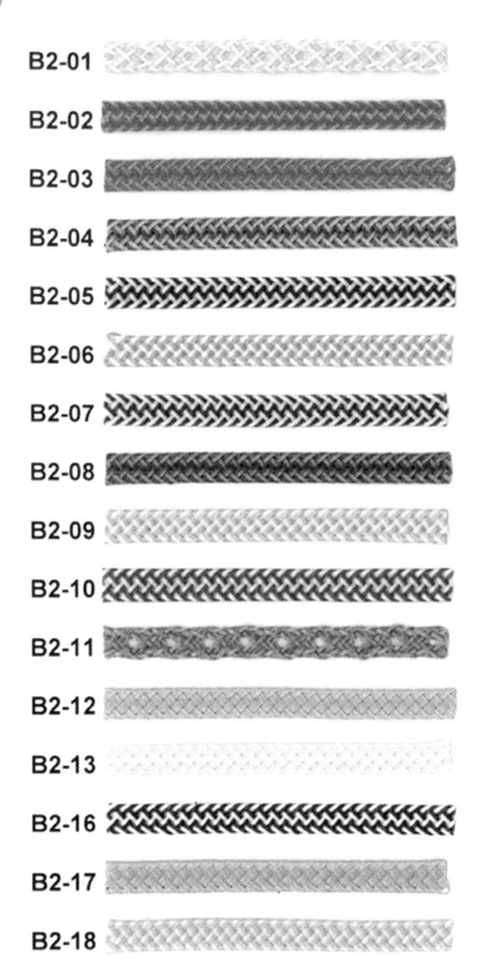

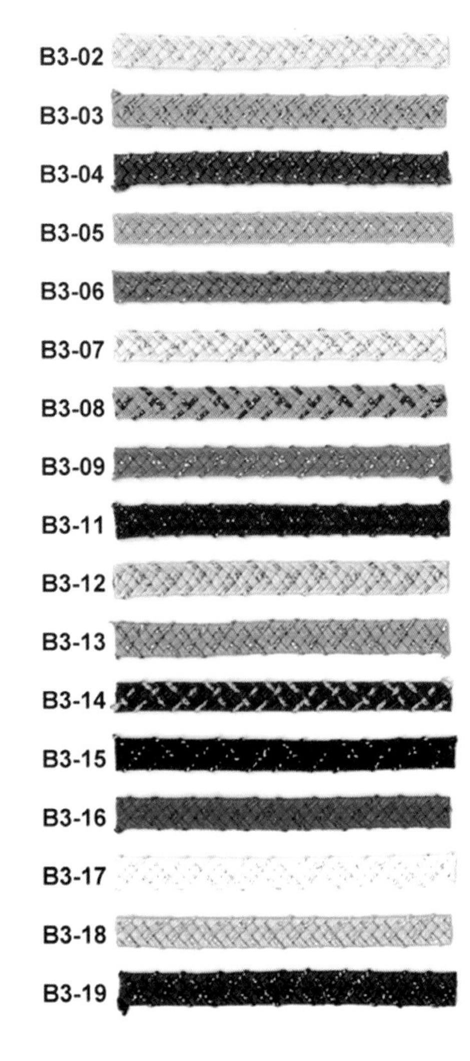

B2-01米黃色
B2-02 雙色紅
B2-03 雙色洋紅
B2-04 米+墨綠色
B2-05 米+咖啡
B2-06 米+綠色
B2-07 綠+墨綠色
B2-08 深綠+墨綠色
B2-09 米+淺咖色
B2-10 水藍+藍
B2-11 淺咖啡
B2-12 粉+灰
B2-13 黃色漸層
B2-16 黑+白
B2-17 黃+綠
B2-18 粉+灰
B2-19 咖啡+深咖啡
B2-20 米+灰+咖啡
B2-21 米+淺咖啡
B2-24 紅+白
B2-25 藕+杏
B2-27 桃+粉

B3-02 黃色+金蔥
B3-03 藕色+金蔥
B3-04 咖啡+金蔥
B3-05 銀色+金蔥
B3-06 鐵灰+蔥
B3-07 粉色+粉蔥
B3-08 豆沙色+紅蔥
B3-09 桃紅色+金蔥
B3-10 紅色+金蔥
B3-11 暗紅色+金蔥
B3-12 藍色+蔥
B3-13 藍色+蔥
B3-14 深藍色+蔥
B3-15 黑+金蔥
B3-16 紅色+蔥
B3-17 白色+蔥
B3-18 銀色+金蔥
B3-19 深藍色+蔥
B3-20 藍色+蔥
B3-21 米色+咖啡蔥
B3-22 藕色+咖啡蔥
B3-23 米色+金蔥

◆ 感謝莉綺亞實業有限公司提供
TEL:04-25312179
FAX:04-25357549

環保再生皮繩　2mm, 3mm, 4mm

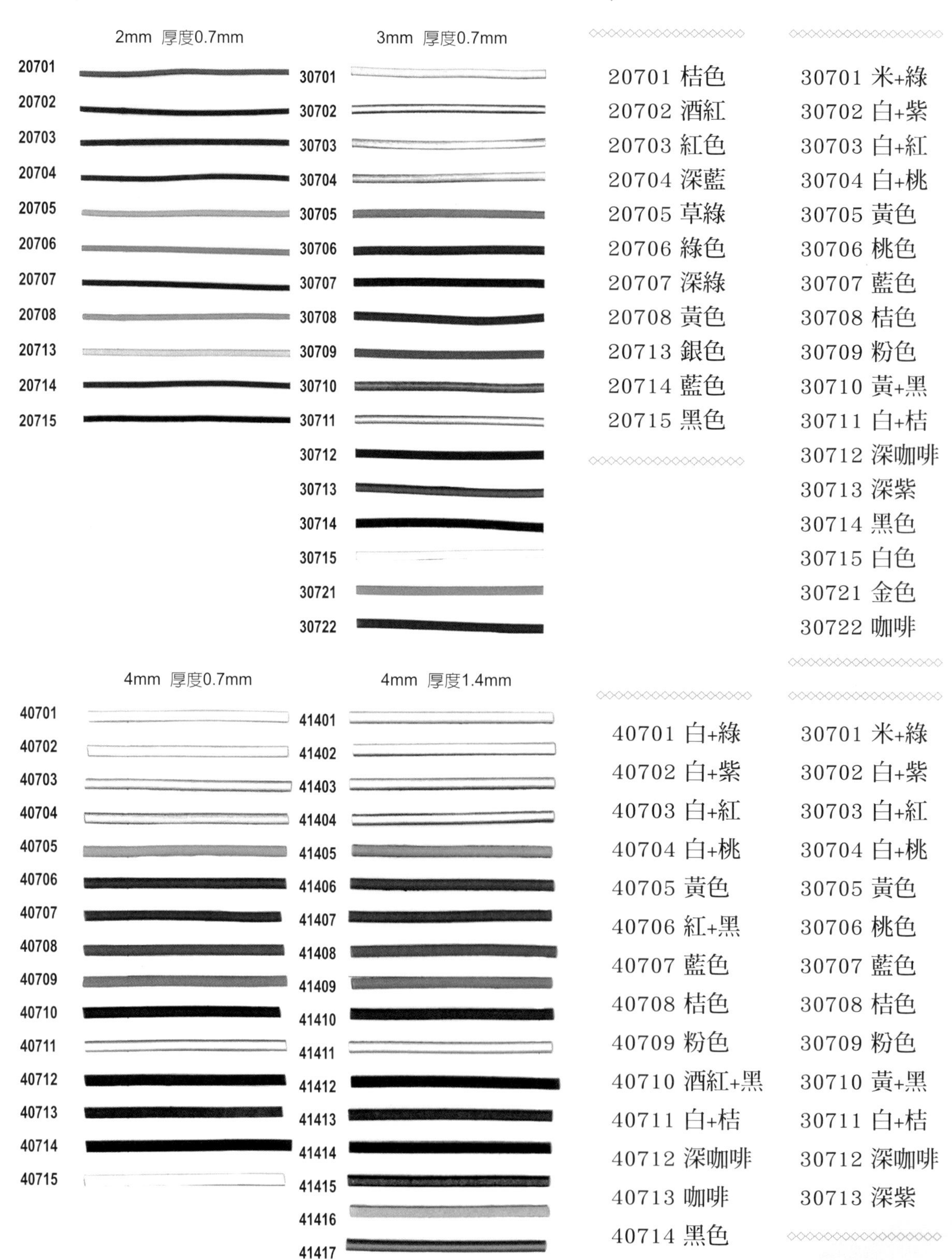

20701	桔色
20702	酒紅
20703	紅色
20704	深藍
20705	草綠
20706	綠色
20707	深綠
20708	黃色
20713	銀色
20714	藍色
20715	黑色

30701	米+綠
30702	白+紫
30703	白+紅
30704	白+桃
30705	黃色
30706	桃色
30707	藍色
30708	桔色
30709	粉色
30710	黃+黑
30711	白+桔
30712	深咖啡
30713	深紫
30714	黑色
30715	白色
30721	金色
30722	咖啡

40701	白+綠
40702	白+紫
40703	白+紅
40704	白+桃
40705	黃色
40706	紅+黑
40707	藍色
40708	桔色
40709	粉色
40710	酒紅+黑
40711	白+桔
40712	深咖啡
40713	咖啡
40714	黑色
40715	白色

30701	米+綠
30702	白+紫
30703	白+紅
30704	白+桃
30705	黃色
30706	桃色
30707	藍色
30708	桔色
30709	粉色
30710	黃+黑
30711	白+桔
30712	深咖啡
30713	深紫

◆ 感謝莉綺亞實業有限公司提供

珍珠帶（強韌柔軟型）　12mm

◆感謝莉綺亞實業有限公司提供

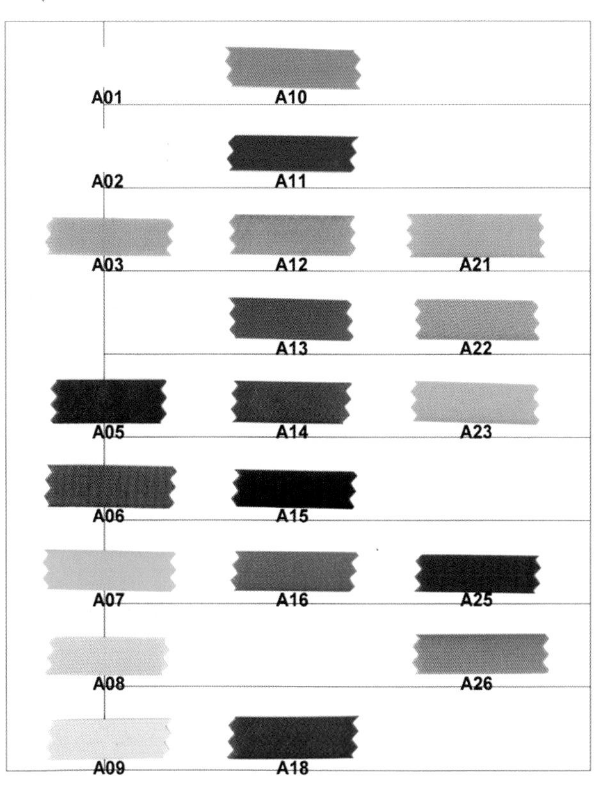

A01 白色
A02 米色
A03 銀色
A05 深鐵灰
A06 淺鐵灰
A07 鮮綠
A08 黃色
A09 淺粉
A10 桔色
A11 紅色
A12 淺紫
A13 葡萄紫
A14 深紫
A15 深咖啡
A16 寶藍
A18 深藍
A21 灰色
A22 豆沙粉
A23 菊黃
A25 霓虹紫
A26 道奇藍

雙色仿籐編織帶　6mm

◆感謝莉綺亞實業有限公司提供

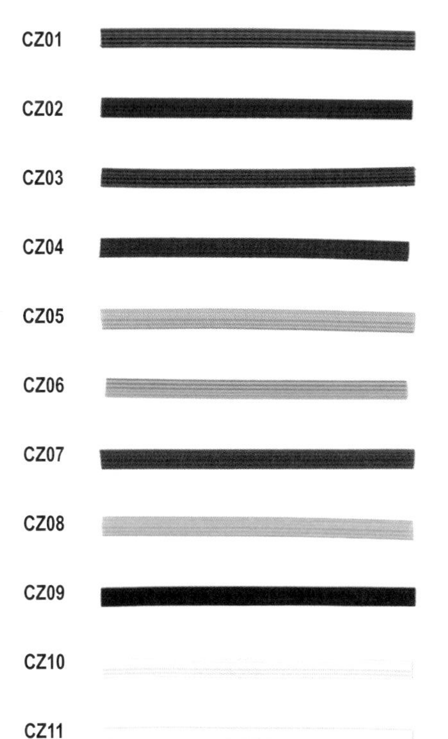

CZ-01 咖啡色
CZ-02 深藍色
CZ-03 深紫色
CZ-04 暗紅色
CZ-06 粉紅色
CZ-07 桃紅色
CZ-08 蘋果綠
CZ-09 黑色
CZ-10 白色
CZ-11 米白色

仿籐編織帶 (ZW) 8mm

◆ 感謝莉綺亞實業有限公司提供 TEL:04-25312179
FAX:04-25357549

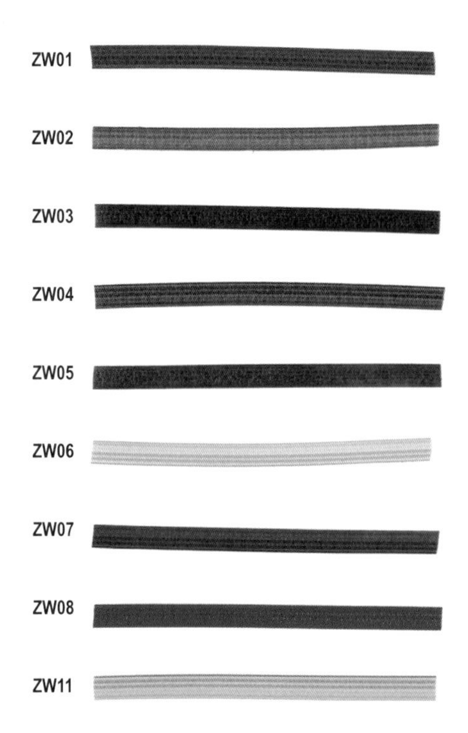

ZW-01 焦茶
ZW-02 咖啡
ZW-03 深藍
ZW-04 深紫
ZW-05 暗紅
ZW-06 米黃
ZW-07 墨綠
ZW-08 桃紅
ZW-09 金
ZW-10 白
ZW-11 粉色

仿籐編織帶 (T) 8mm

◆ 感謝莉綺亞實業有限公司提供

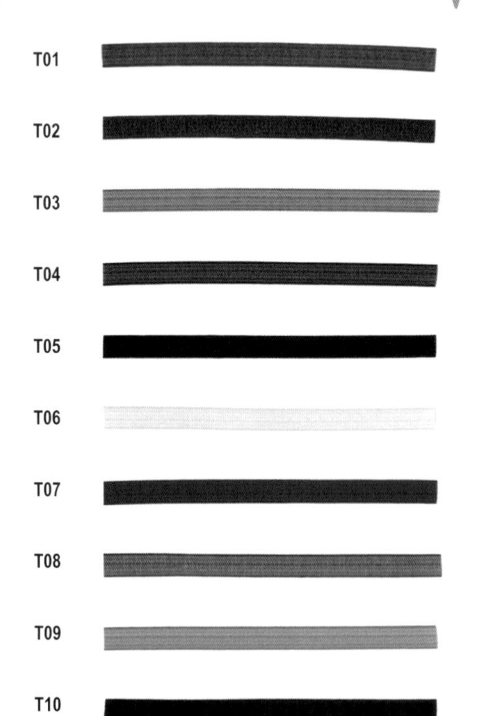

T01 棕
T02 紅
T03 黃
T04 咖啡
T05 深藍
T06 米白
T07 桃紅
T08 金
T09 銀
T10 黑

打包編織帶　6mm, 9mm

(6mm線一條剪對半 = 3mm線 2條)

◆ 感謝偉程包裝事業有限公司提供
TEL:04-25323625
FAX:04-25323645

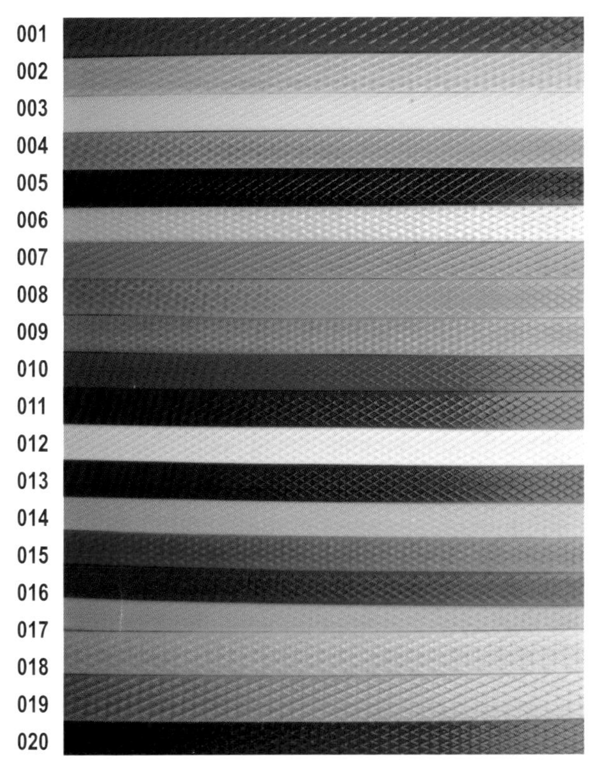

編號	顏色	編號	顏色
001	正紅	013	咖啡
002	粉紅	014	淺粉
003	乳白	015	藍色
004	土黃	016	紫色
005	黑	017	水藍
006	黃	018	淡紫
007	桔	019	銀灰
008	綠	020	深紫藍
009	桃紅		
010	紅		
011	墨綠		
012	白		

工具和工具使用方法

◆ 感謝莉綺亞實業有限公司提供
TEL:04-25312179　FAX:04-25357549

13mm壓扣工具四件組

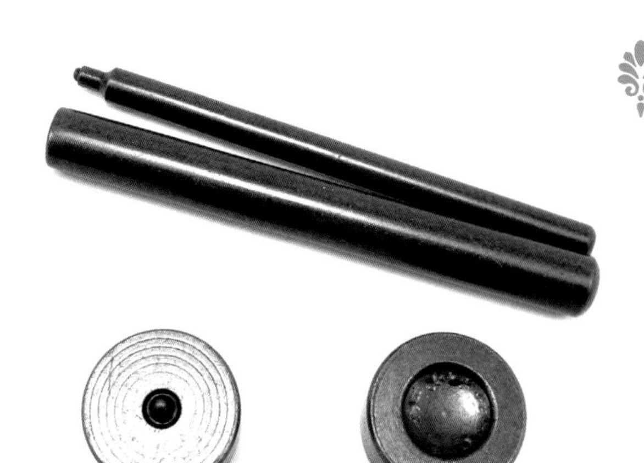

壓扣工具和搭配的工具

step 01 先定出打洞的位置

step 02 打洞完成

step 03 壓扣和搭配的底座

step 04 將壓扣放於搭配的底座

step 05 將壓扣公釦、母釦穿入珍珠帶

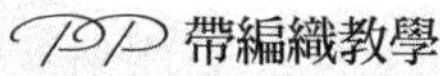

step 06 放上其對應的公釦、母釦

step 07 公釦、母釦和使用的壓扣工具

step 08 公釦、母釦和使用的壓扣工具

step 09 公釦、母釦和使用的壓扣工具

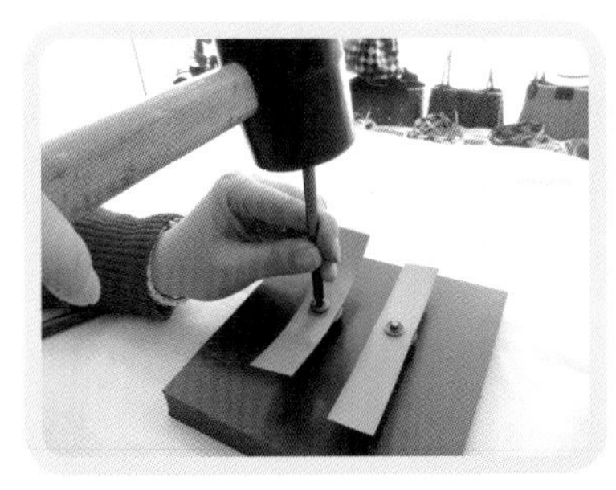

step 10 拿橡膠槌將壓扣工具垂直敲下

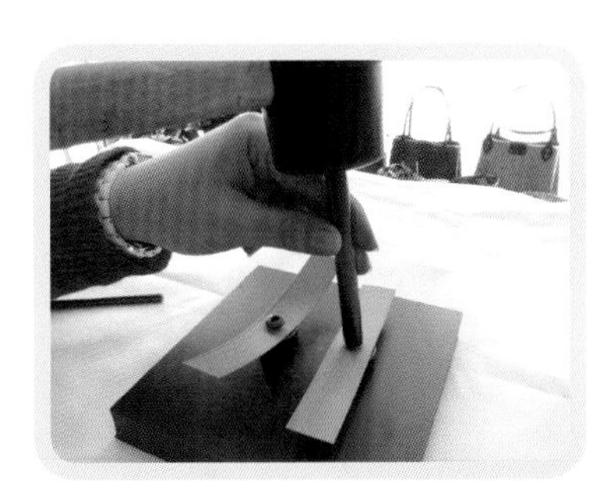

step 11 拿橡膠槌將壓扣工具垂直敲下

step 12 完成

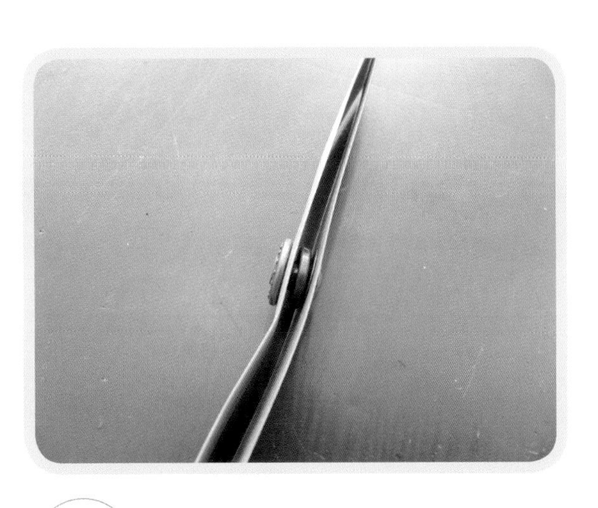

step 13 兩邊扣上即可

四合扣工具操作

四合扣工具和搭配的工具

step 01 先定出打洞的位置

step 02 用橡膠槌敲打洞工具

step 03 打洞完成

step 04 將公釦放於底座

step 05 放上母釦和珍珠帶

step 06 另一邊的公釦放於底座

step 07 放上母釦和珍珠帶

step 08 拿橡膠槌將四合扣工具垂直敲緊

step 09 完成

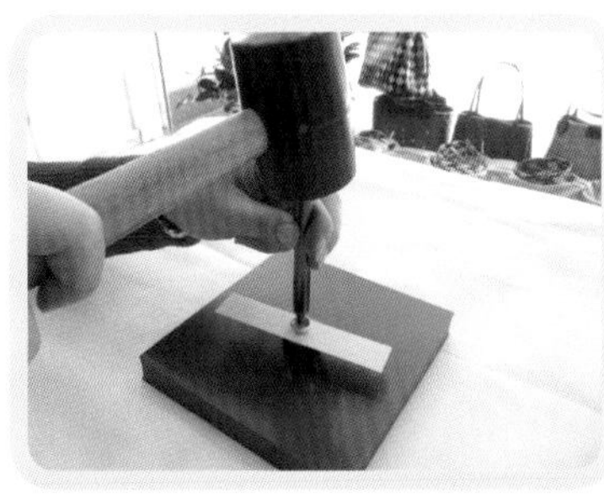

step 10 另一邊也是

step 11 完成

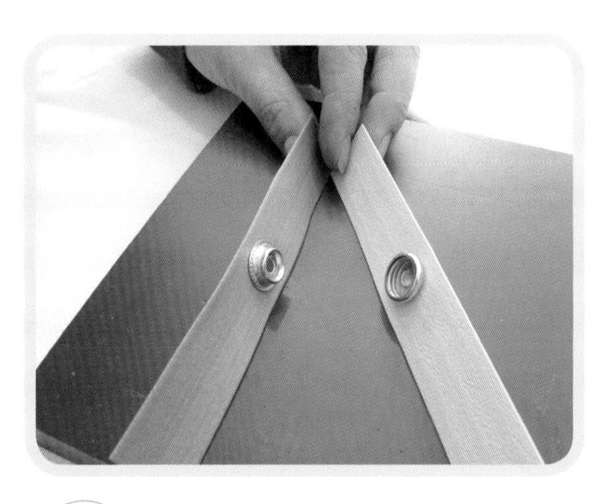

step 12 將兩邊扣上即可

磁扣撞釘工具組操作

磁扣撞釘工具組和搭配的工具

step 01 先定出打洞的位置

step 02 打洞完成

step 03 磁扣和搭配的底座

step 04 將磁扣放於底座

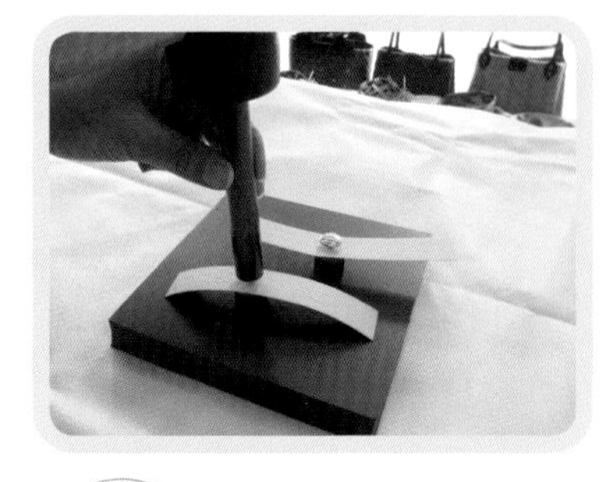

step 05 將公、母釦敲合

step 06 完成

step 07 兩邊扣上即可

撞釘工具操作

撞釘工具和搭配的工具

step 01 先定出打洞的位置

step 02 用橡膠槌敲打洞工具

step 03 打洞完成

step 04 將撞釘公釦放於底座

step 05 將撞釘公釦穿入珍珠帶後蓋上母釦

step 06 拿橡膠槌將撞釘工具垂直敲下

step 07 完成

雞眼工具+打孔工具操作

雞眼工具和搭配的工具

step 01 先定出打洞的位置

step 02 用橡膠槌敲打洞工具

step 03 打洞完成

step 04 將珍珠帶套入雞眼

step 05 將鐵圈套入雞眼

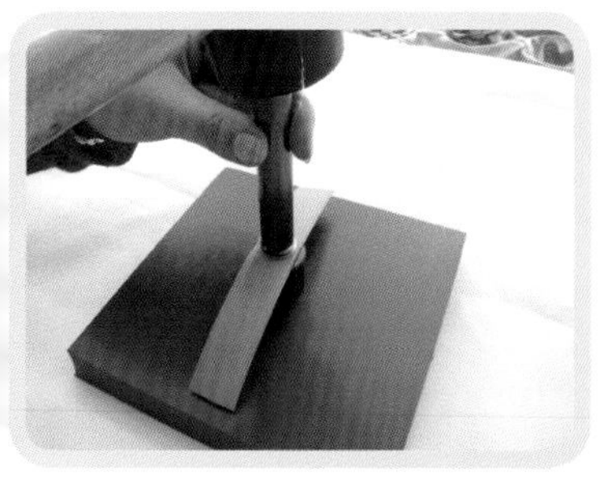

step 06 以雞眼工具垂直敲緊

step 07 完成

蘑菇工具組操作

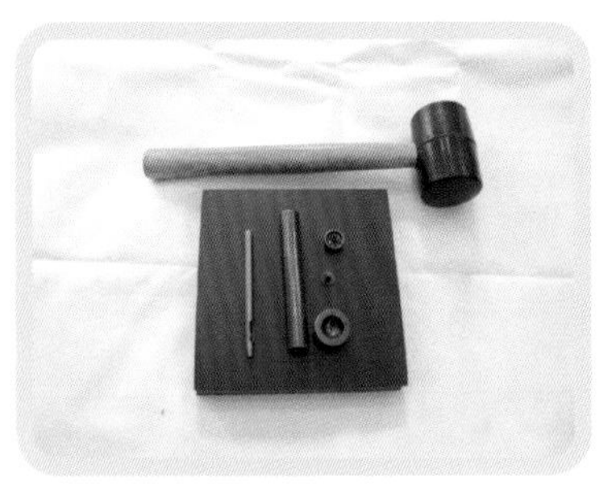

蘑菇工具和搭配的工具

step 01 先定出打洞的位置

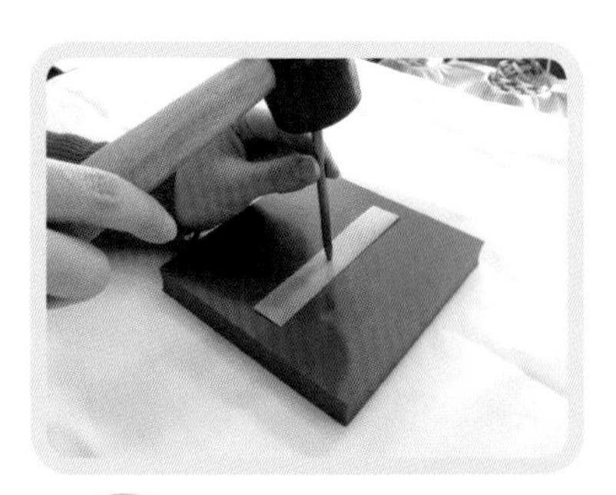

step 02 用橡膠槌敲打洞工具

step 03 打洞完成

step 04 將蘑菇母釦放於底座

step 05 將蘑菇公釦穿入珍珠帶

step 06 將2者相疊

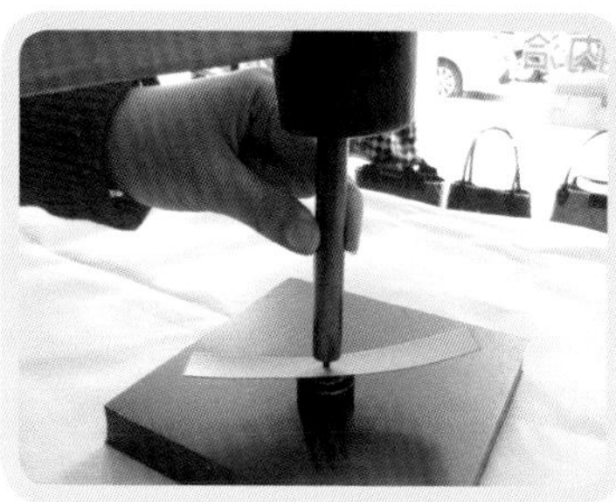

step 07 拿橡膠槌將蘑菇工具垂直敲下

step 08 完成(正面)

step 09 完成(背面)

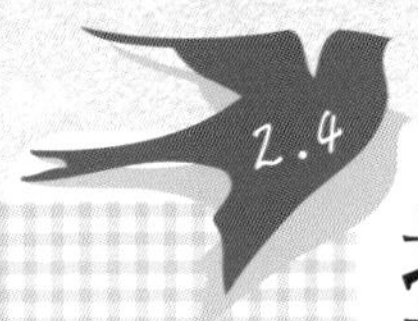

提把固定

提把固定方式

1. 編織提把，直接穿入籃身（圖01~2）
2. 魚線手縫提把（圖03~4）

photo 01

photo 02

photo 03

photo 04

3. 市售固定鉬（圖05~6）

4. 使用撞釘工具固定（圖07）

5. 編織帶加長（圖08）

photo 05

photo 06

photo 07

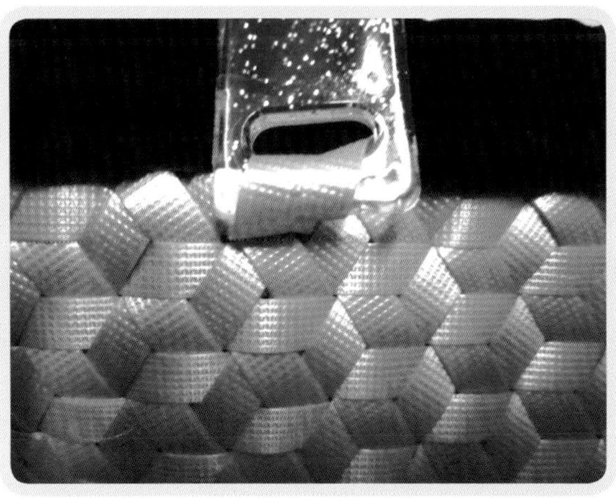

photo 08

掩護袋口

掩護袋口方式

1. 使用蘑菇工具或撞釘工具固定皮袋口蓋（圖01~2）
2. 魚線手縫皮袋口蓋（圖03）
3. 魚線手縫夾克拉鏈

photo 01

photo 02

photo 03

photo 04

修飾造型

1. 使用雞眼+打孔工具（圖01）
2. 使用磁扣撞釘工具組（圖02）
3. 使用壓扣工具四件組或四合扣工具組（圖03）

photo 01

photo 02

photo 03

chapter 3

編織法教學

透過圖片，步驟分解，照圖編織，爾後自行創作將是容易的，並能盡情的享受，悠遊在編織的世界裏。

輔助工具及防護用具

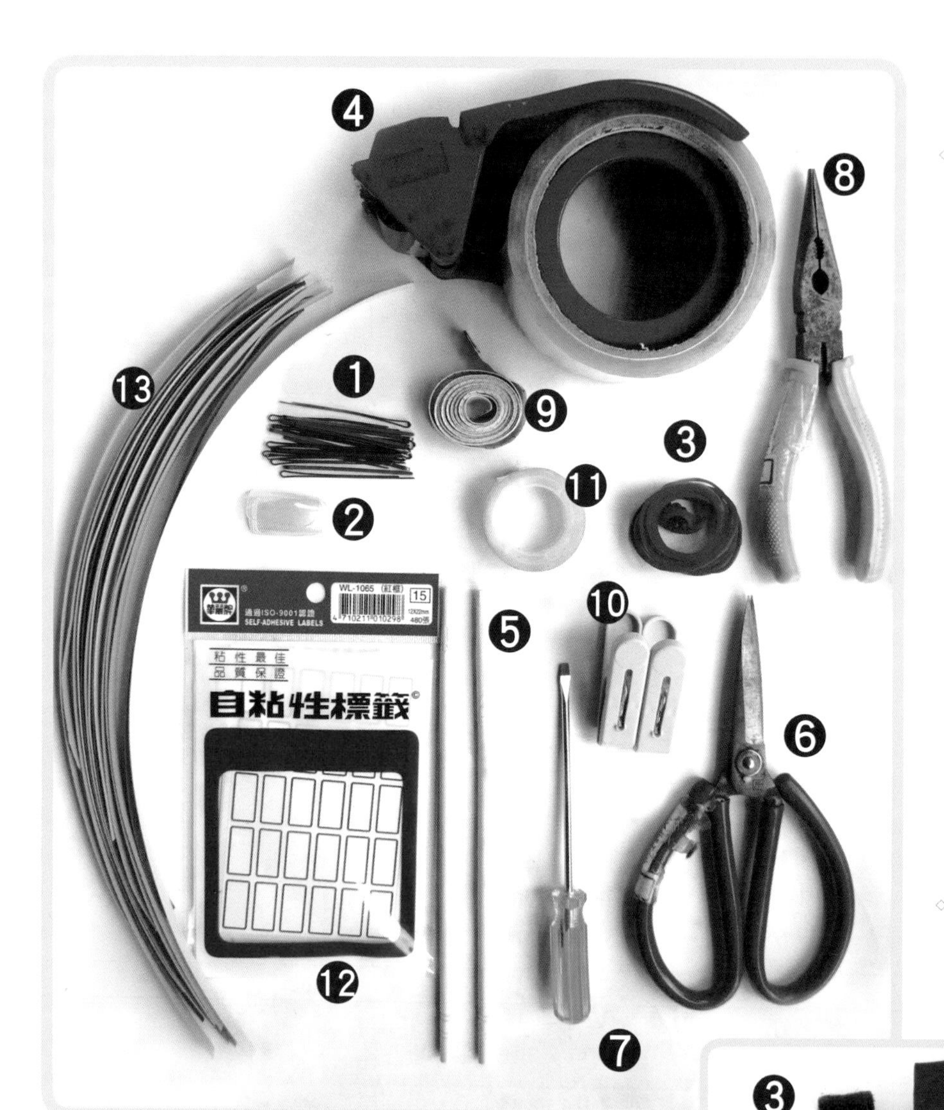

輔助工具

1. 黑髮夾
2. 指甲片
3. 橡皮圈
4. 寬版膠帶
5. 竹筷
6. 剪刀
7. 一字起子
8. 尖嘴鉗
9. 布尺
10. 衣夾
11. 細版膠帶
12. 自粘貼紙
13. 廢棄編織帶

防護用具

1.圍裙
2.棉紗手套
3.護手腕

穿套技法 田字編法

田字編織流程 平編法

1. 顏色、尺寸、條數清點。
2. 預留高長(?花*5cm(6mm)+10cm)做記號。
3. 橫線(底寬第一條)當主線，取最左邊第一條面寬線。
4. 預留在上，底寬和面長全作接軌。
5. 作底寬之底層，由下往上作，底寬完成，續由右向左，延申補滿面長，底部面長及底寬完成。
6. 續作高度，自底取中線花，左右交叉起做，四圍繞起。
7. 高度完成。
8. 收線固定。
9. 置入提把帶。

6mm線長度計算：

底(寬)=

(高?朵*2+長?朵)*5cm+預留上、下收線20cm

長(縱線)=

(高?朵*2+寬?朵)*5cm+預留上、下收線20cm

高(四圍)=

(寬?朵+長?朵)*2*5cm+預留左右重疊10cm

6mm一朵花5cm, 9mm一朵花7.5cm

田字編編織注意事項：

預留(四圍高)尺寸在上

面長及底寬完成，須用磚塊或書本壓平

斜邊法：四個轉角連結處呈三角形

平編法：最邊四角呈三角

田字編斜編省材料計算(圖a.b)：

1. 先計算上層補編格
2. 高度預計? cm, 補線長度(圖a)
3. 縱、橫線預留計算(圖b)

田字編斜編

上層補編格 6mm 大約數：

格數	高度 cm	格數	高度 cm	格數	高度 cm
1	0.9	19	17.1	37	33.3
2	1.8	20	18	38	34.2
3	2.7	21	18.9	39	35.1
4	3.6	22	19.8	40	36
5	4.5	23	20.7	41	36.9
6	5.4	24	21.6	42	37.8
7	6.3	25	22.5	43	38.7
8	7.2	26	23.4	44	39.6
9	8.1	27	24.3	45	40.5
10	9	28	25.2	46	41.4
11	9.9	29	26.1	47	42.3
12	10.8	30	27	48	43.2
13	11.7	31	27.9	49	44.1
14	12.6	32	28.8	50	45
15	13.5	33	29.7	51	45.9
16	14.4	34	30.6	52	46.8
17	15.3	35	31.5	53	47.7
18	16.2	36	32.4	54	48.6

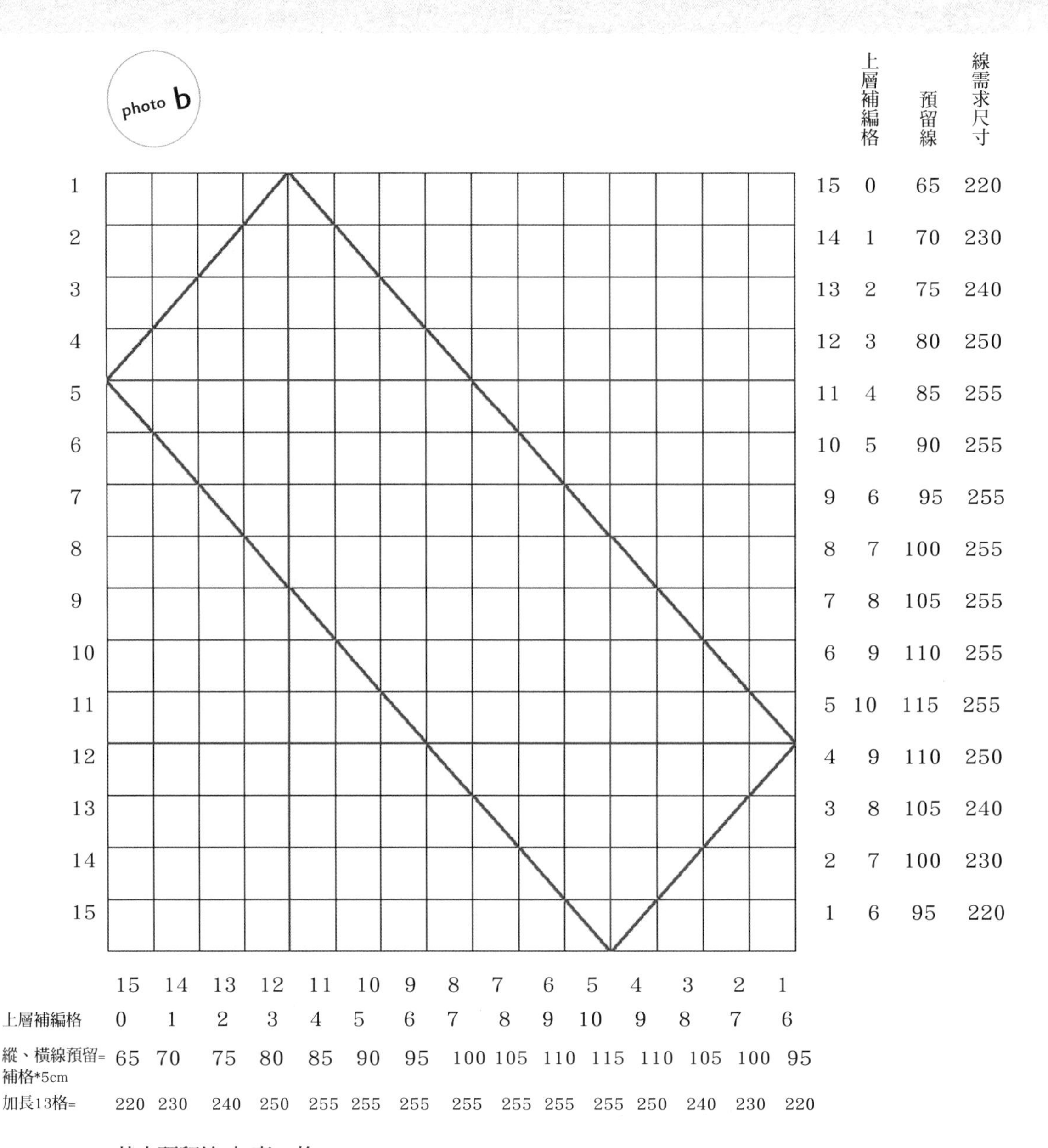

基本預留線=加高13格*5cm=65cm

預計長、寬、高=寬4格，面11格, 高21CM=高編24格

起底上層頂尖處=面15條-轉角4條=11條

加高補長度=預做高21CM, 須做24格-起底上層頂尖處11條(面條數)=補13格線=13*5=65CM

第5條 ~ 第11條 (中心處)=

面15格*2(正、背面)+高13格=

(43格 *5cm(6mm線)=215cm) + 雙邊收線 各10cm=255cm

第4條、第12條 (轉角格)=中心255cm-1格 5cm=250cm

第3條、第13條 =第4條250cm-2格(正、背)10cm=240cm

第2條、第14條=第3條240cm-2格(正、背)10cm=230cm

第1條、第15條 =第2條230cm-2格(正、背)10cm=220cm

step 01 預留高度對折

step 02 寫上預留高度標籤貼線頭

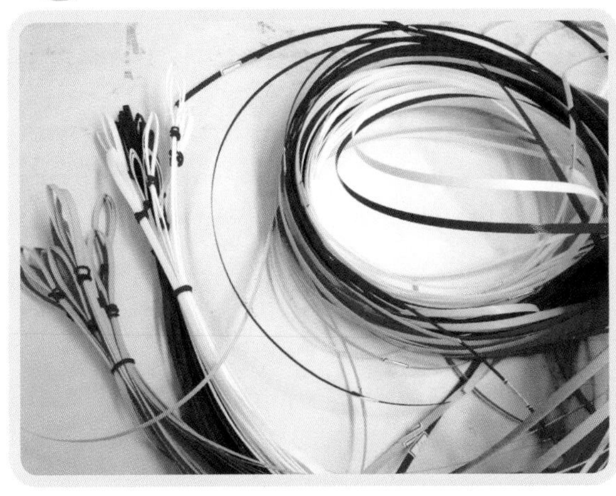

step 03 對折後，依縱線、橫線各別分開

step 04 左手持橫線當主線，右手取最左邊面寬線，套上左手線

step 05 左線後方線向上折

step 06 右線穿入左線圈圈

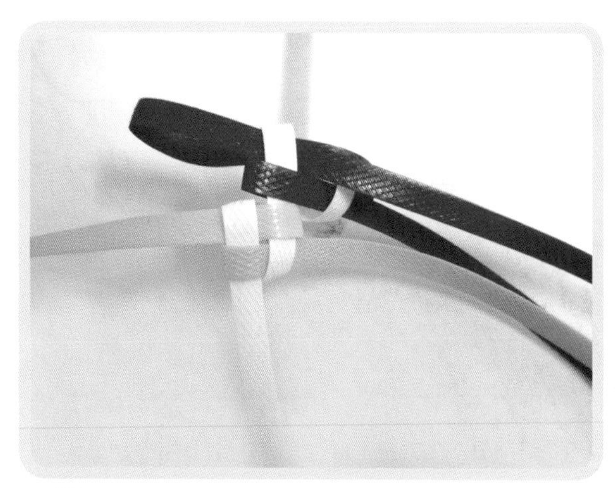

step 07 加線第二條套入主線

step 08 面長完成，穿底，連結面長

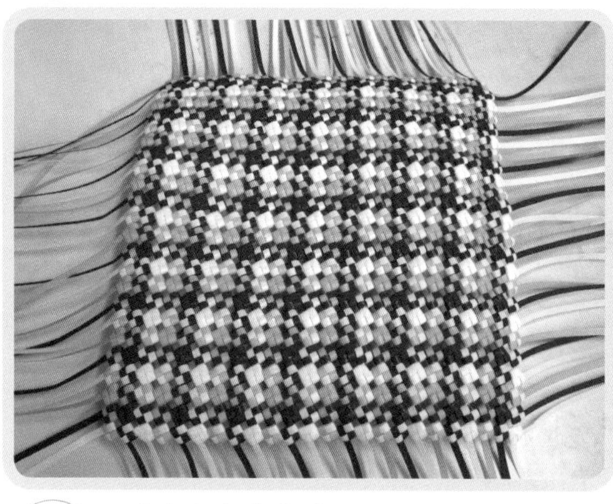

step 09 面長及底寬完成

step 10 站立，編上圍，角度呈三角形

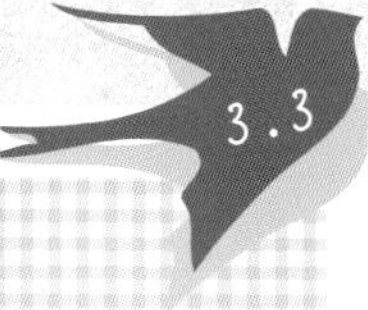

挑壓技法 平編法

挑壓技法

編底（俗稱起底）：大致可有平(縱橫)編、斜編、三角孔編、六角孔編、八角孔編、輪口(圓孔、蛇目)編等主要編法。

平(縱橫)編法：打底時縱線和橫線上下相疊編織，站立時依然上下相疊編織。

直條紋編法：壓(上)同色縱線，挑(下)異色縱線，反之，

橫條紋編法：挑(下)同色縱線，壓(上)異色縱線，此法是極為簡單且容易。(圖1.2.3.4)

平(縱橫) 編織流程

1. 清點編織帶尺寸、條數。
2. 縱線全排，預留10cm 收線。
3. 排正面，左右採一長一短，由上往下編。
4. 排底部，防鬆開固定。
5. 調整底部及正面，正面先收線固定。
6. 底部拉起，成雙邊側面。
7. 編織側面，防鬆開固定。
8. 編背面，防鬆開固定。
9. 調整正、背、側面尺寸一致，並收線。
10. 拉緊剪尾線。
11. 置入提把帶。

線長度計算：

底(寬) = **高*2+長+20cm** (尾端收線)

長(縱線) = **高*2+寬+20cm** (尾端收線)

高(四圍) = **(寬+長)*2+10cm** (左右重疊)

縱線→正面→底部→側面→背面→收線（圖05）(步驟圖1~5)

photo 05

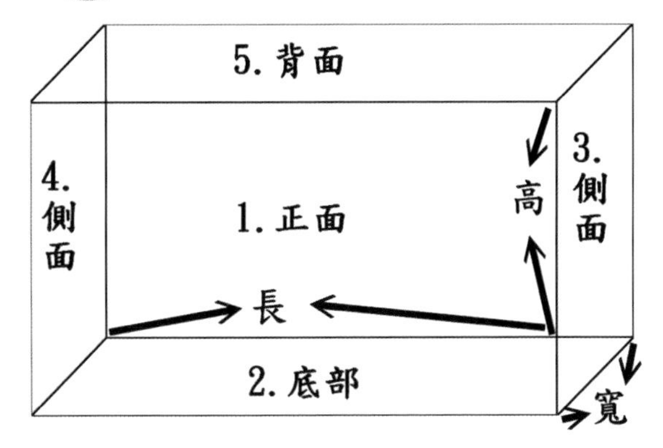

材料使用計算需求長度：

長(縱線) = 高*2+寬+20cm

寬(底) = 高*2+長+20cm

高(四圍) = (寬+長)*2+10cm

step 01 排縱線

step 02 編正面

step 03 正面排線一長一短

編底部

step 05 正面收編固定

平編編織法　壓一挑一設計圖

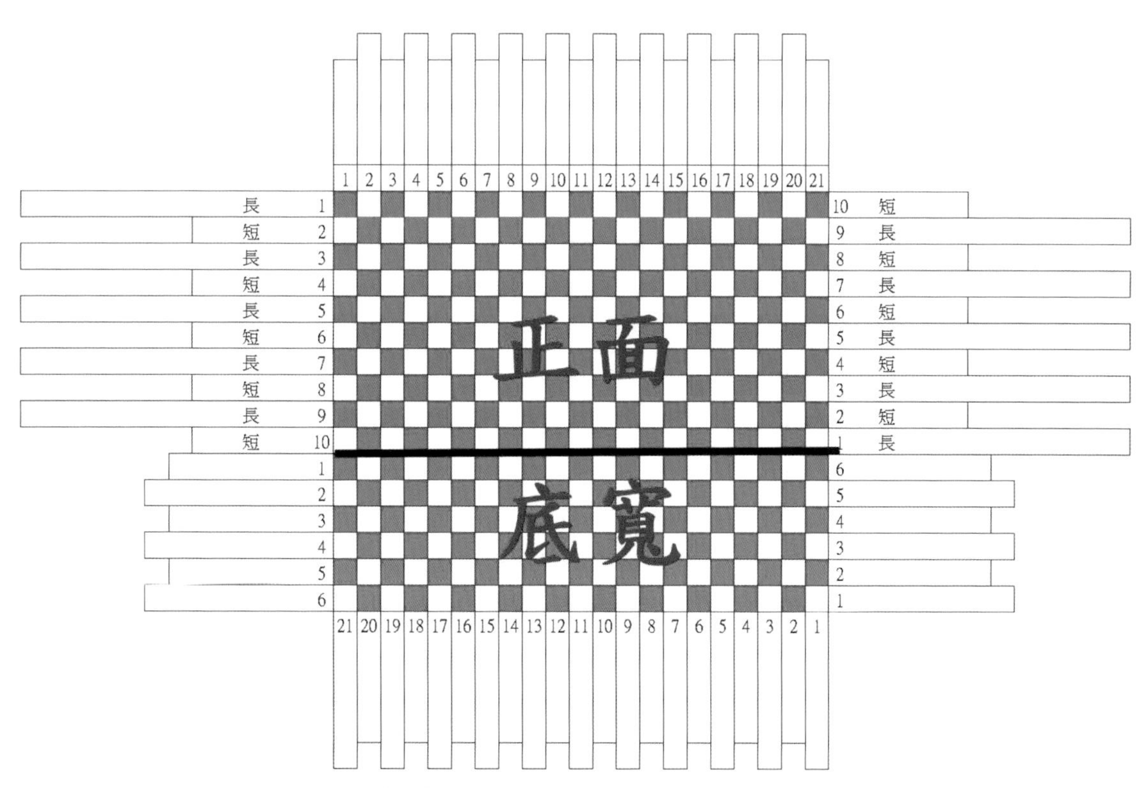

直(平)編法打底排線：

步驟1：縱線面全排 (預留收線)

步驟2：正面高度(左右留線採1長1短，短的約底寬長度)

步驟3：排底寬

正、背面：

回字編

以中心向四方編，大小自由調整。

正、背面：

人字編

以中心向左右開展，大小自由調整。

正、背面：

梯型編

每編一花紋，按紋路自動前進或退一格。

正、背面：

圖紋編法

各式編法組合而成圖型。

挑壓技法 斜編法

斜編法：打底時縱線和橫線上下相疊編織，站立時將線拉斜編織。(圖a.b.c.d.e)

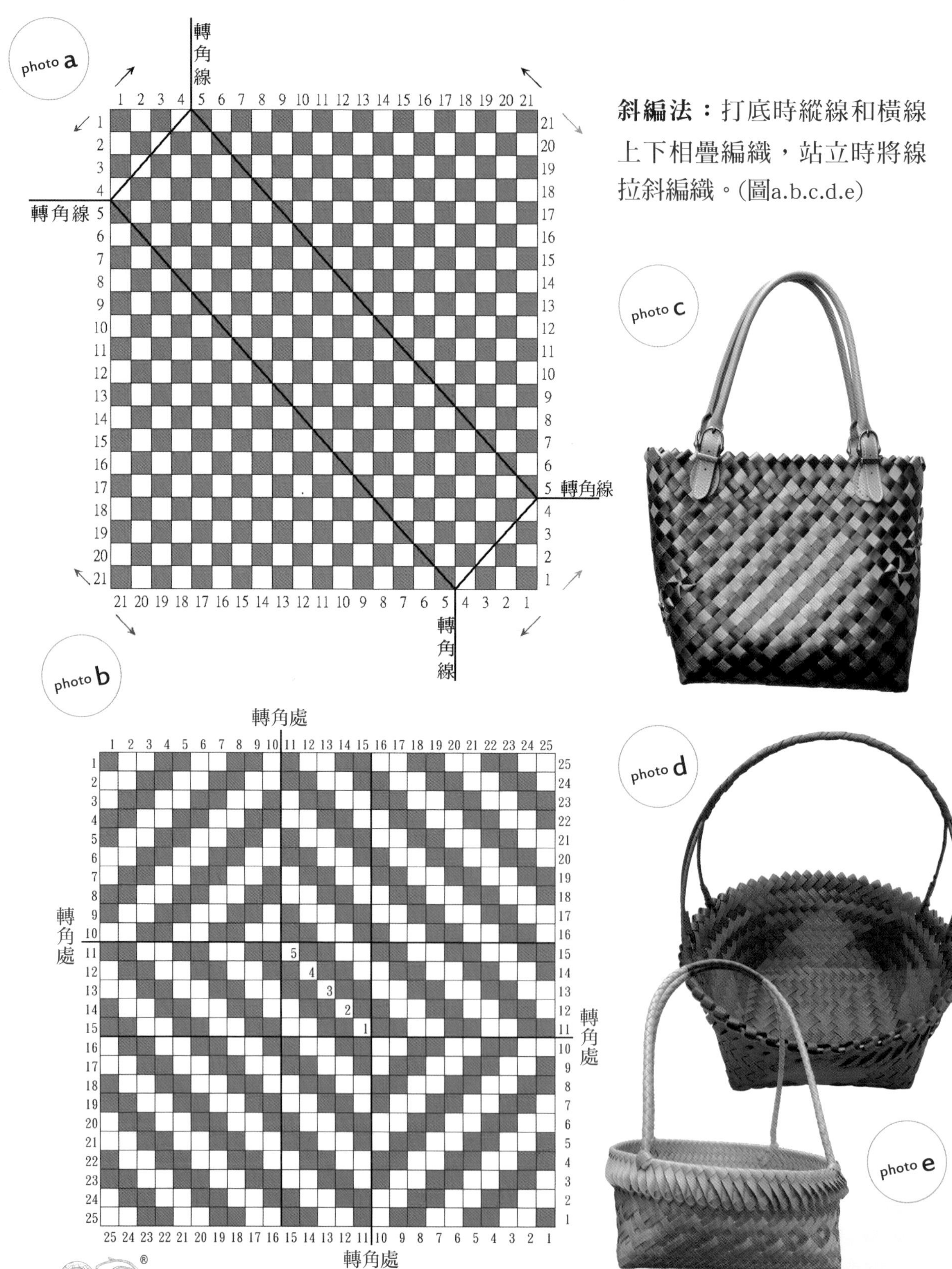

斜紋編織流程

1. 清點編織帶尺寸、條數。
2. 縱線全排（縱、橫條數相同）。
3. 排下層橫線。
4. 排樓梯（長方形編法）。
5. 排上層線（正方形、長方形）。
6. 拉出轉角線（兩雙挑壓併排處）。
7. 四角站立，拉緊，拉出角度。
8. 續往上編（口訣或紋路）邊做邊調整。
9. 收編固定，做造形。
10. 拉緊剪尾線。

斜編都會殘留餘線，若可，請留下，餘線可作編織固定用、補線用、穿插造形用（圖f）。

壓二挑二編織法，條數使用原則：

正方編：

總條數能被4整除，如104/4=26，其轉角處為26條及27條

長方編：

總條數能被2整除，如98/2=47，縱線及橫線各為47條，其中樓梯為單數，四角為雙數。

口訣編：

總條數能被口訣使用條數整除，如6組口訣，縱、橫線加總數需是6的倍數。（圖 g）

口訣：11線6組

11　1　1 3 3 3 1
11　2　1 1 3 1 2 1 2
11　3　1 1 1 3 1 3 1
11　4　2 1 1 1 1 1 1 1 2
11　5　1 1 1 1 1 3 1 1 1
11　6　2 1 2 1 3 1 1

口訣編要注意：

上層站起時，使用口訣前，線需先拉齊（圖h）

再使用口訣 (圖 i)：

認識口訣：

右線穿過左線的條數，由下往上數。

此圖口訣：

第1條 2 2 1 2 1 3 1 1 = 13

第2條 2 1 3 3 3 1 = 13

第3條 2 1 1 3 1 2 1 2 = 13

若右線3條為一個圖形稱3組線又稱3倍花

(表縱線+橫線總條數要能被3整除)

高度計算：以6mm編織帶13條線計= 0.6cm*13條*4/3約10.4cm

(實際高度依各人拉力、編織帶寬度有關)。

斜紋編壓1挑1排線轉角圖 (圖j)：

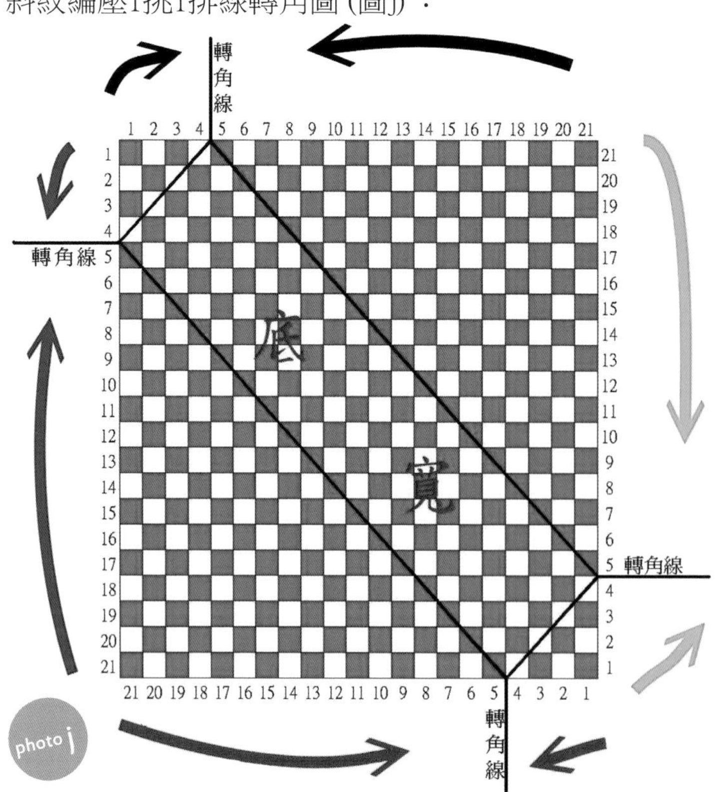

斜編法壓1挑1排線轉角，縱線條數=橫線條數

步驟1： 排縱線和橫線

步驟2：斜編轉角，底寬為4條寬，則第4條和第5條左、右箭頭同色(紅對紅，黑對黑……)對轉互編。

斜紋編排線分區 (圖k)：

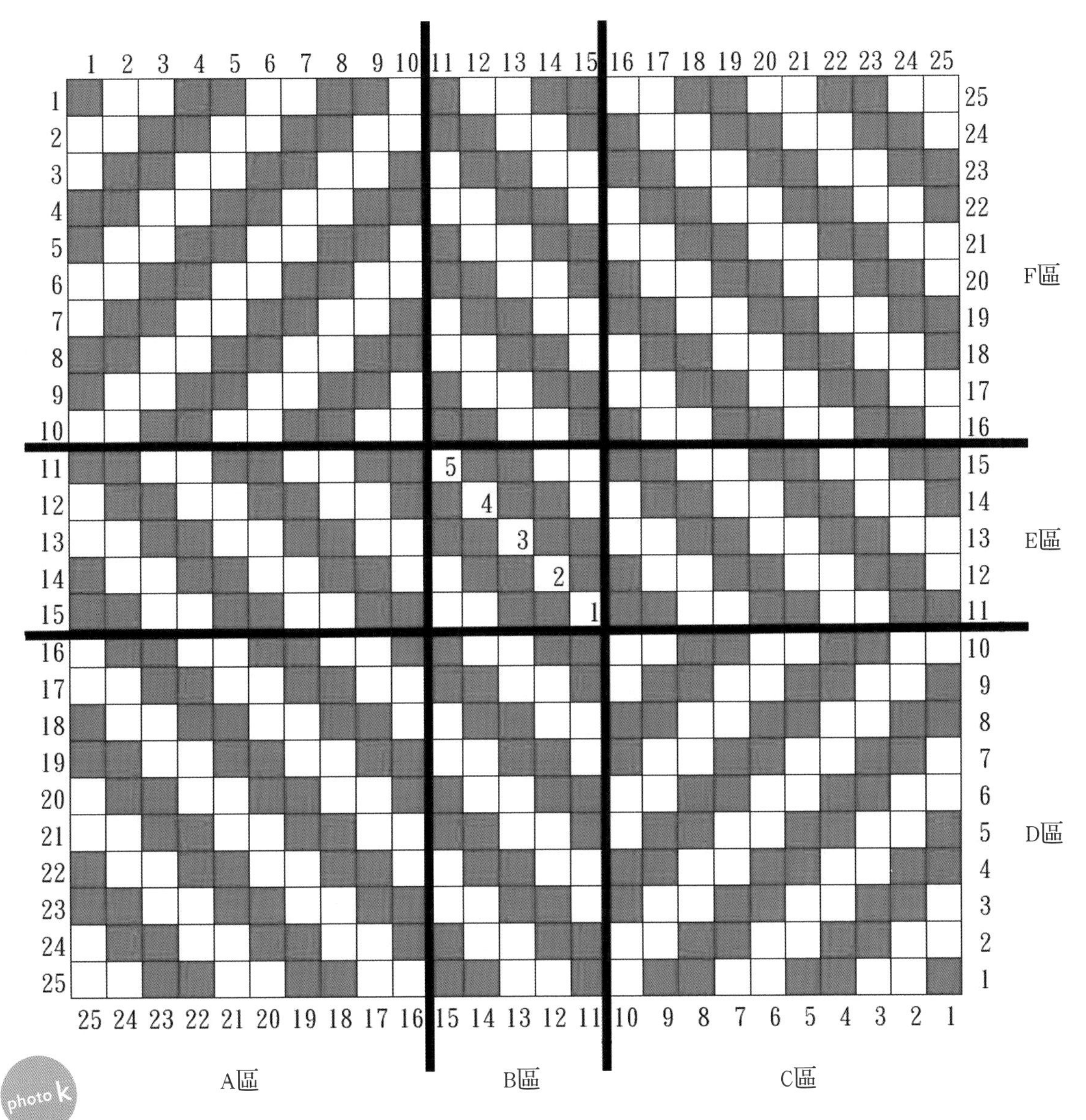

縱線：A區+B區+C區

橫線：D區+E區+F區

斜紋長方編設計排線圖 (圖1)：

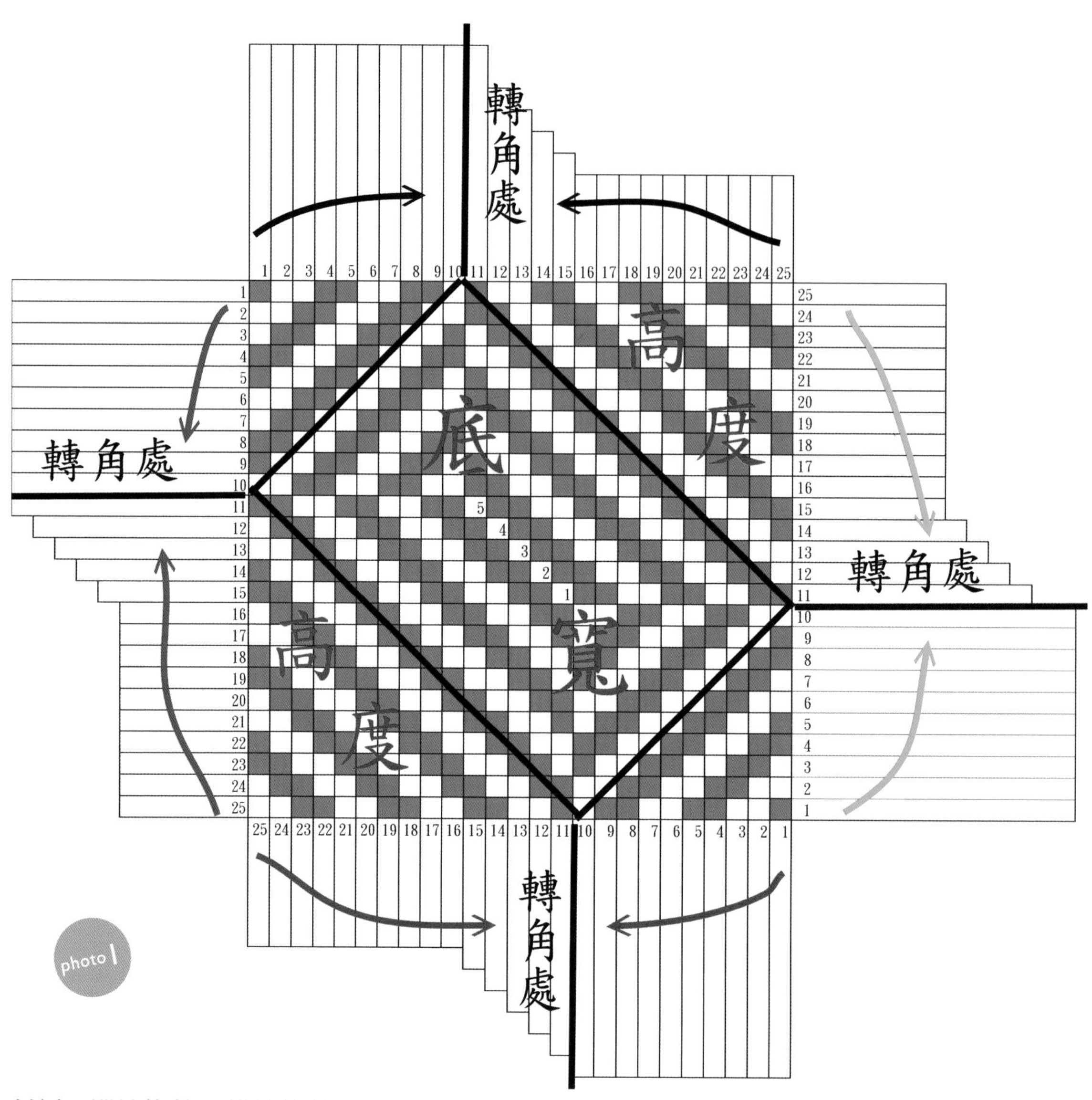

斜編：縱線條數 = 橫線條數

長方斜編法排線：

步驟1：縱線25條預留左短右長

步驟2：橫線下層10條預留左短右長

步驟3：橫線中層樓梯5條依序對半

步驟4：橫線上層10條預留左長右短

排線原則：

四角(左上及右下)轉角處為基準對半，

中間樓梯以挑壓1為基準，中間對半。

正方籃斜編編織法設計圖 (圖m)：

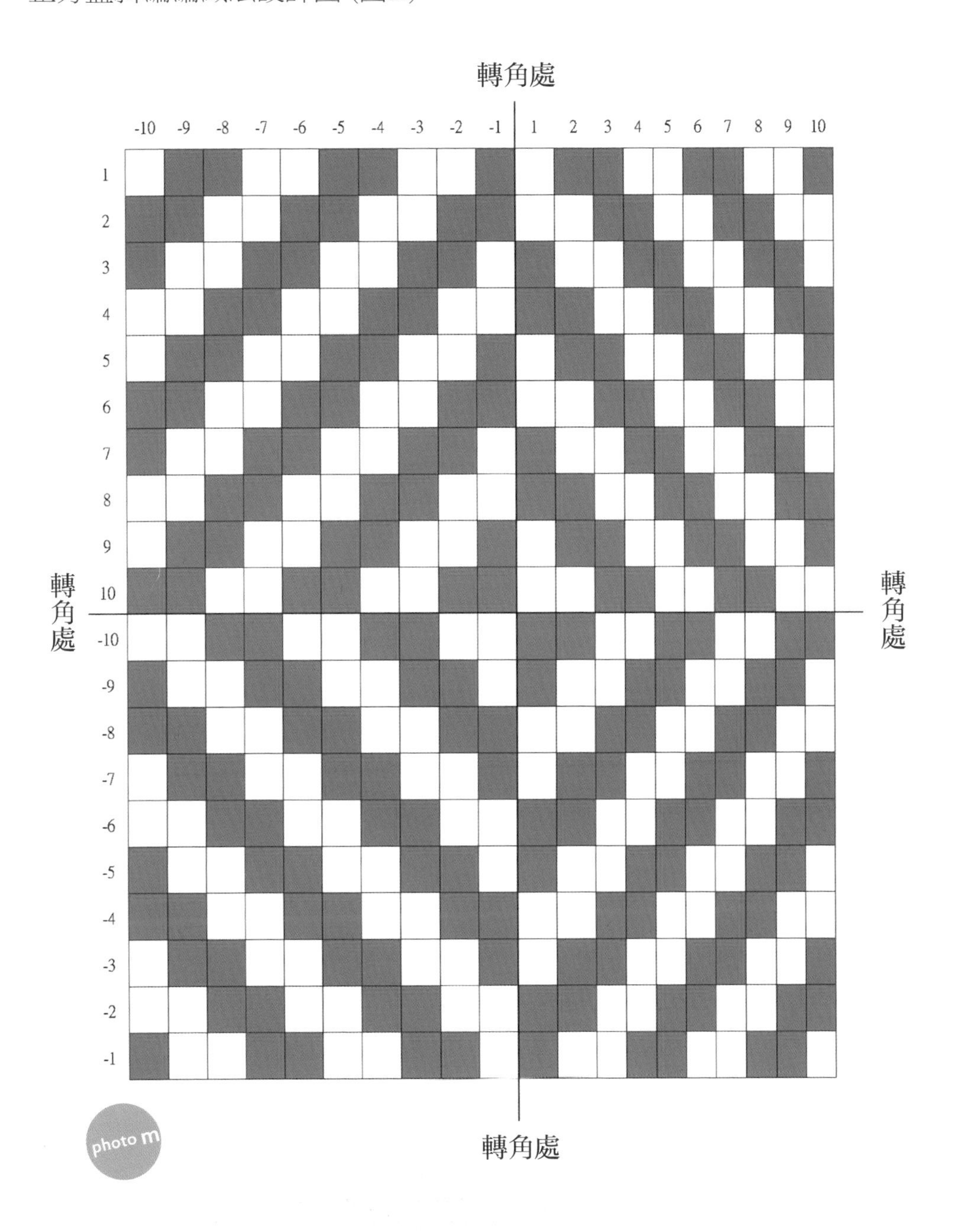

正方編

step 01 打底

step 02 中線做記號

step 03 橫線第一條中線一上一下，左右二上二下

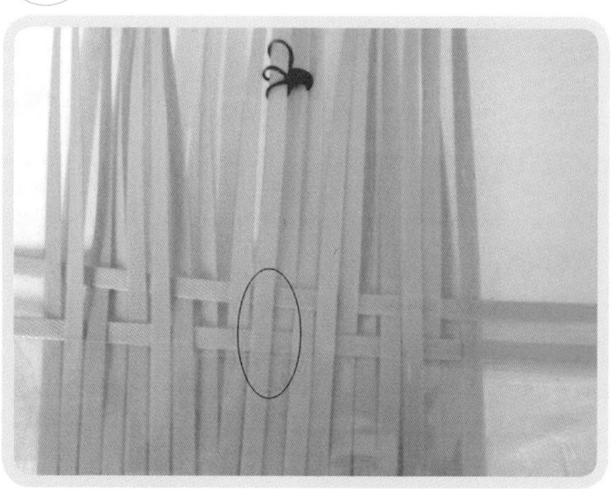

step 04 橫線第二條

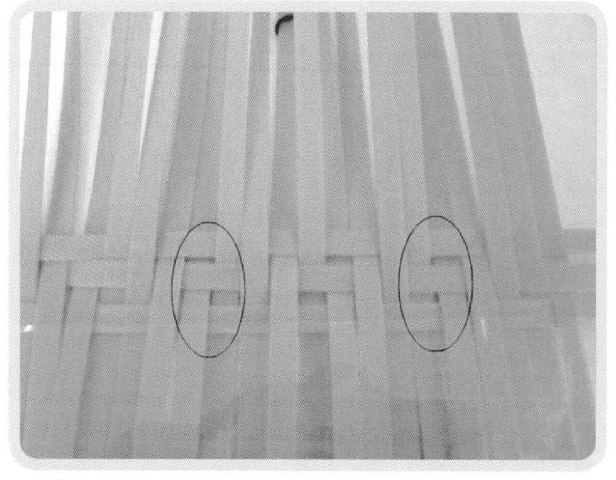

step 05 第3條橫線以中心點其紋路↖↗採挑二壓二

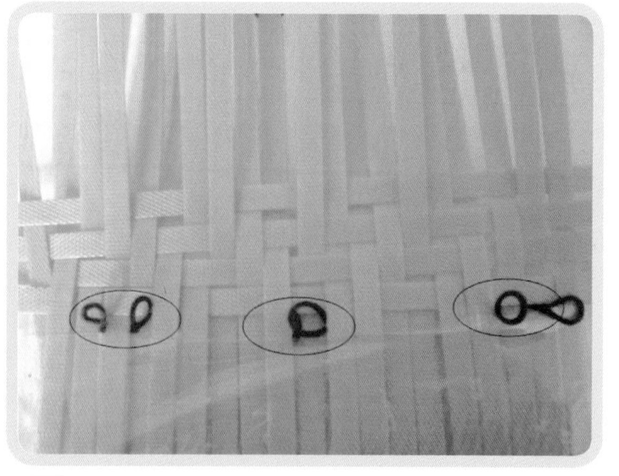

step 06 橡皮圈暫放在壓一或壓二位置

step 07 正方籃下層完成，橫線下半部紋路↖↗

step 08 第11條為第10條的反向

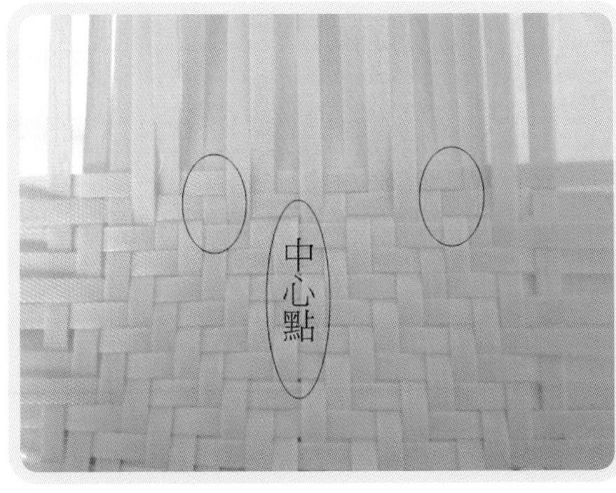

step 09 第12條紋路為↗↖

step 10 續編完成

step 11 放固定片固定

step 12 四圍固定

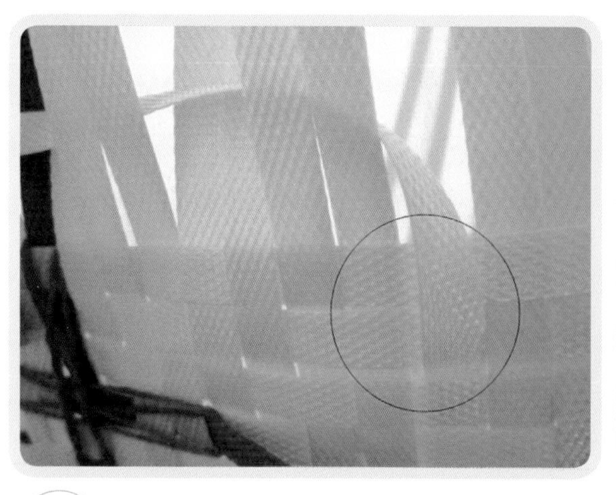

step 13 兩雙並列為轉角線，縱線由右向左，橫線由上向下

step 14 第二條線，採補齊壓二挑二

step 15 續編角度

step 16 拆固定片，拉緊並固定

step 17 四個角度完成

step 18 四角站立

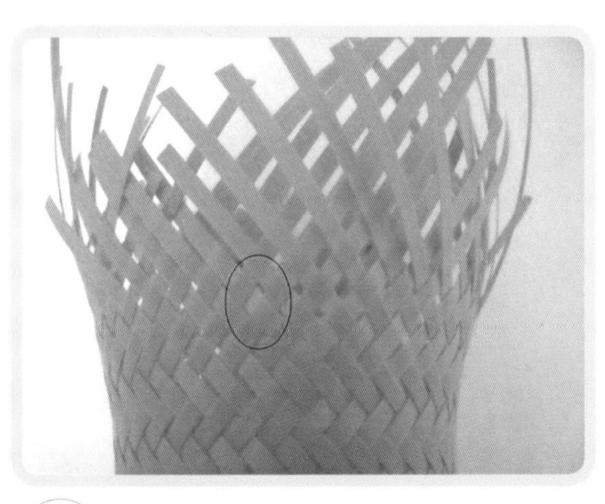

step 19 上緣口放大，挑一壓一 2次，線材調整、拉緊

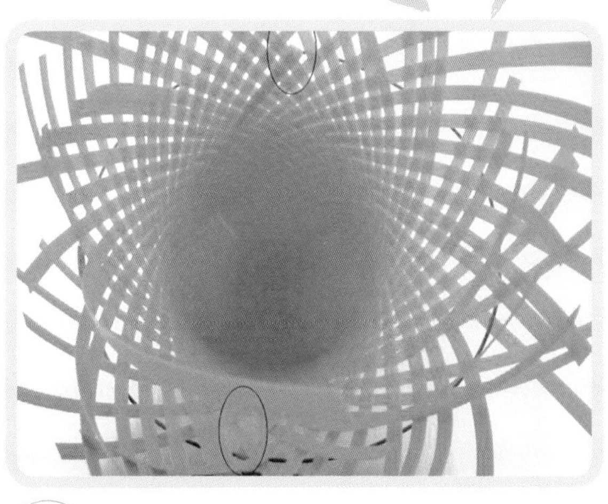

step 20 放鐵圈並固定

step 21 對角收編

step 22 繼續對角收編

step 23 內線收編

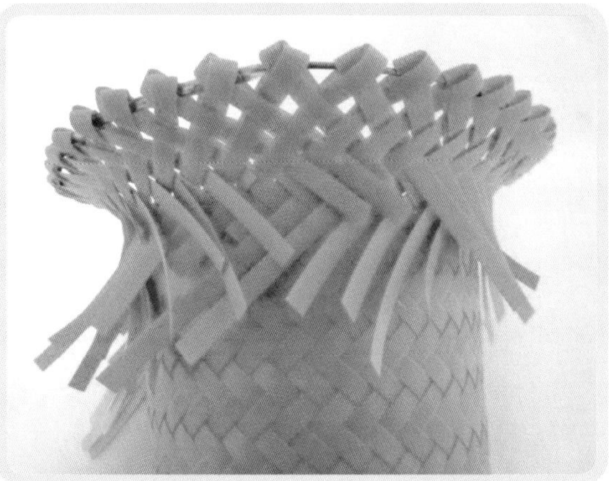

step 24 內線收編完成

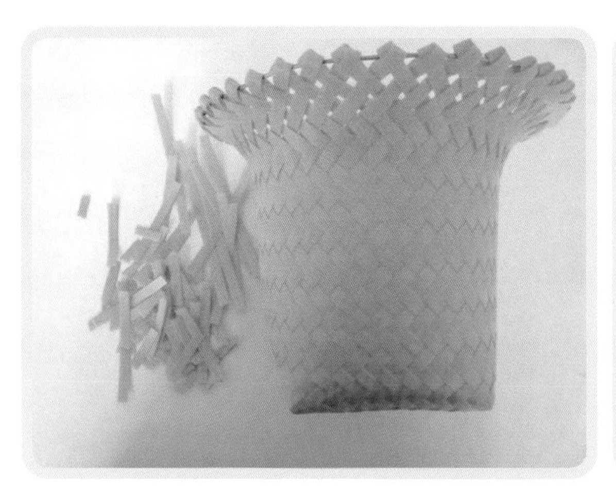

step 25 剪餘線

step 26 修角度

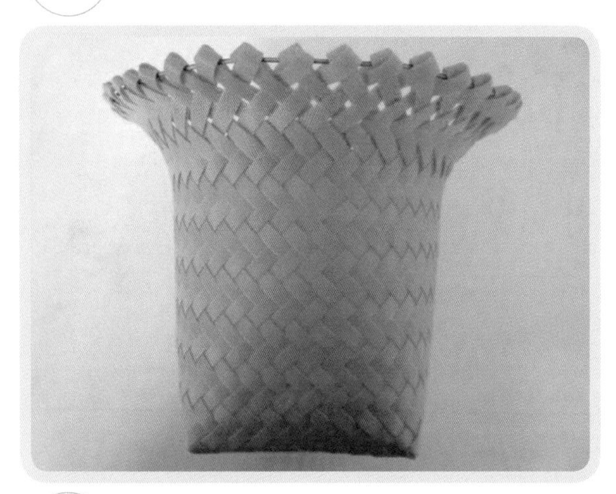

step 27 正方籃完成

挑壓技法 六角孔編法

六角孔編織法：線織成六角孔，每條線呈現60度。(圖a.b.c.d.)

photo a

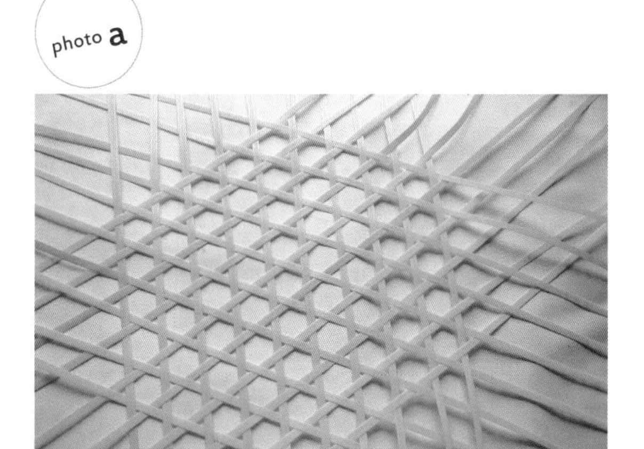

photo b

photo c

photo d

六角孔編織法

1. 產品決定，材料選擇準備。
2. 顏色、尺寸、條數清點。
3. 以直線全排起頭，右線全排放在直線下方。
4. 左線壓左半邊直線，挑右斜線，織成六角孔，(織直立式六角孔則左線全壓直線)。
5. 底部完成，六邊線各對半，用橡皮圈固定，做區分左右邊轉角方向，底部呈五角孔。
6. 編上層線壓左斜線挑右斜線，注意對半兩條轉角線。
7. 拉緊，尺量上、下、左、右尺寸，控制拉力使高度統一。
8. 調整至滿意為止。
9. 線穿梭留意轉角。
10. 收尾線。
11. 置入提把帶。

step 01 中線全排

step 02 右線在中線下方

step 03 左線第一線自中線中心壓中線 挑右線（中線10/2=5即第5.6條之間）下方

step 03.1 左線第二線向左中線中心退一條，壓中線 挑右線

step 03.2 左線第三線向左線第二條再退一條，壓中線 挑右線

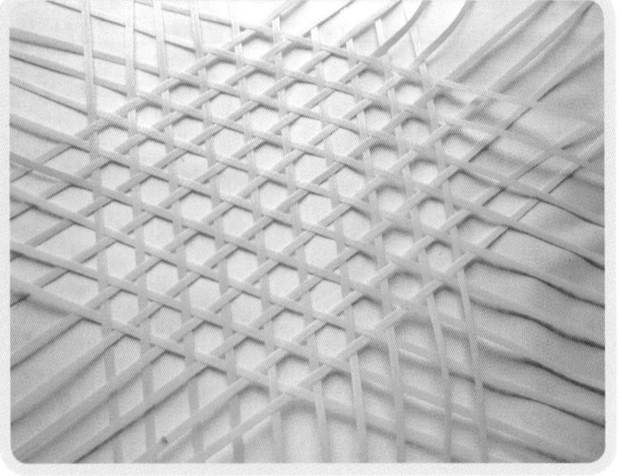

step 03.3 左線依續編完，壓中線 挑右線

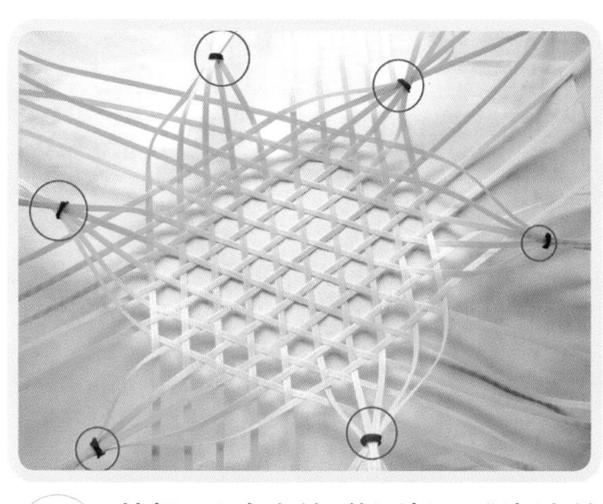

step 04 站起：六角左線5條圈起 ，調好左線壓右線

step 04.1 壓左斜線挑右斜線

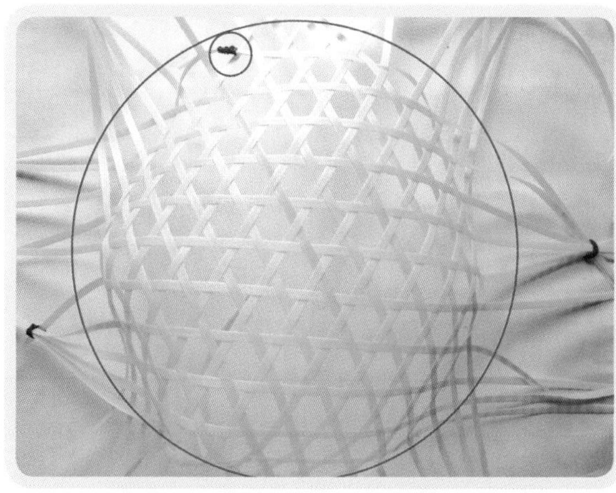

step 04.2 圍成圈，連接處用橡皮圈固定

step 04.3 底部呈五角型

step 04.4 依續編完

step 05 收線：先收外線向外收

step 05.1 再收內線向外收

step 05.2 依續收完

星花編：記三個步驟，二個口訣

先編右線再編左線，底部編織原則

右線：由右向左，挑一直壓二直。

左線：由左向右，壓一直二斜，挑二直一斜

上層編織原則：

右線↖線壓二挑一，左線↗線壓一挑二

◆ 編織次序：

底部直線全排→右線挑一直壓二直→左線壓一直二斜，挑二直一斜→六角站立→編上層並調整→收線→修邊。

◆ 編織方向：由下往上，由右向左，採挑一壓二延伸編織

step 01 底部直線6條全排，防鬆動綁尾端

step 02 口訣1：右線採挑一條直線壓二條直線

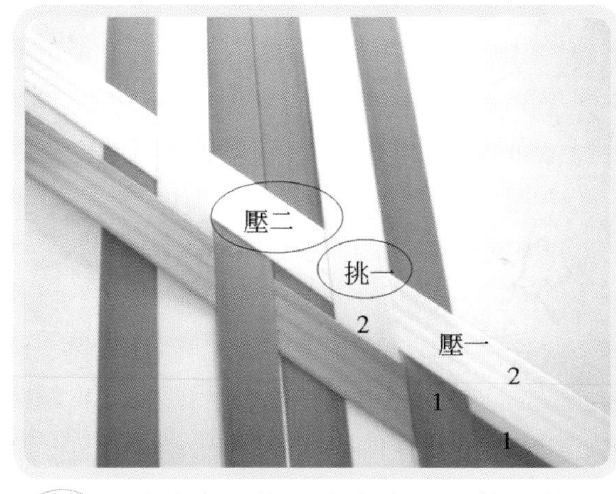

step 03 斜線由下往上由右向左，第二條壓一，挑一壓二

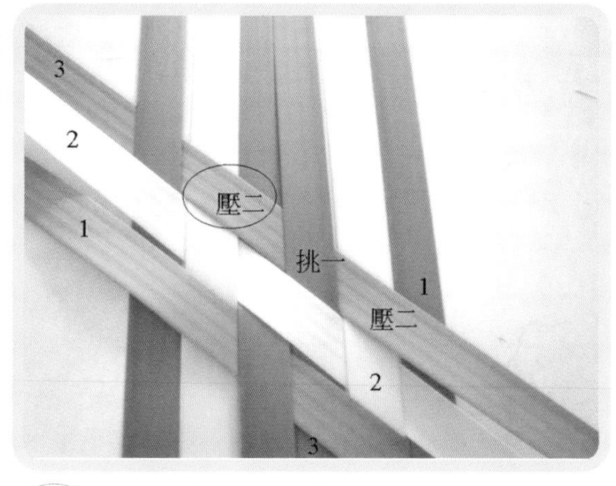

step 04 斜線由下往上由右向左，第三條壓二挑一壓二

step 05 3朵花單邊斜線完成，綁尾端

step 06 底部斜線另一邊，由下往上，由左向右　第一條壓一挑二。原則：挑二直一斜，壓二斜一直，呈N、Z字型

step 07 由下往上，由左向右第二條挑一直，壓一斜一直

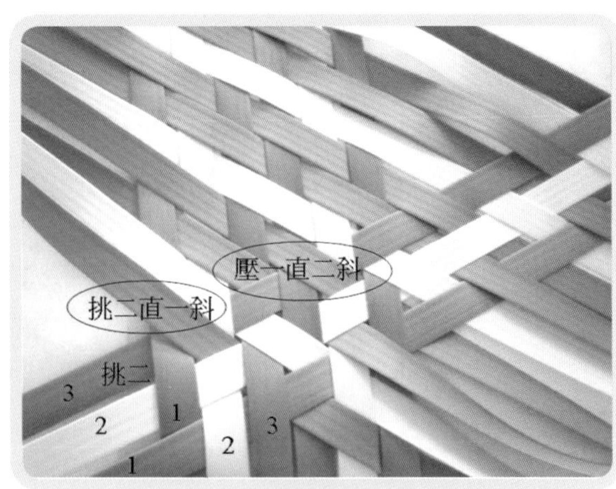

step 08 由下往上，由左向右第三條，挑二直一斜，壓一直二斜

step 09 底部斜線完成，左右線整線，防鬆動綁尾端

step 10 底部四圍固定

step 11 六角站立 編織原則：右線↖線壓二挑一，左線↗線壓一挑二，轉角底部呈五角形

step 12 斜線續向上編，並調整， 編織原則：

右線↖線壓二斜挑一斜，左線↗線壓一斜挑二斜

step 13 穿上層線壓右二↖線 左一↗線， 挑右一↖線 左二↗線

step 14 身体表面完成 ，並調整

星花編編織活用：

1. 先編右線再編左線：

◆ 打底：右線採挑一直線壓二直線，左線採壓一直線右二斜線，挑右一斜線二直線(step9)

◆ 站起口訣：挑右一斜線左二斜線，壓右二斜線左一斜線(step14)

2. 先編左線再編右線

step 10a 打底：左線採挑一直線壓二直線，右線採壓左二斜線一直線，挑左一斜線二直線

step 14a 站起口訣：壓左二斜線右一斜線，挑右二斜線左一斜線

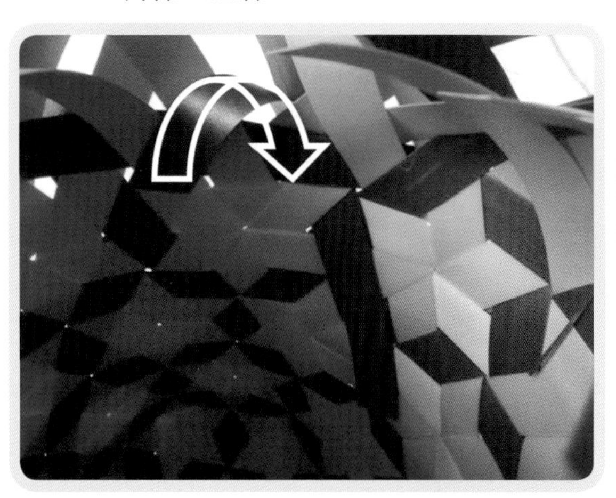

step 15 先收內線，向外往內收線

step 16 再收外線，向內收線

step 17 全往袋口內側收線

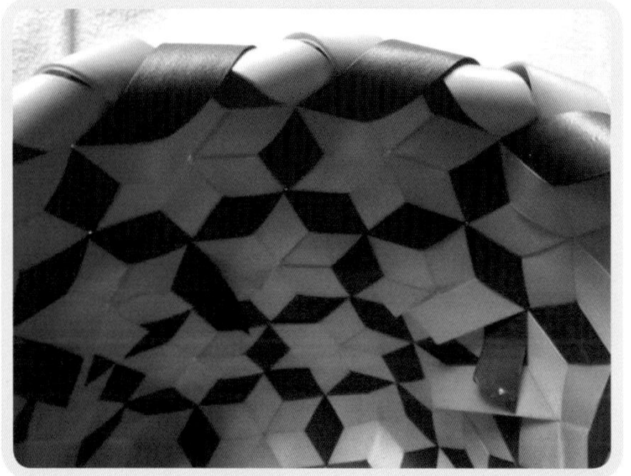

step 18 收線完成

3. 六角孔編加線轉成風車編

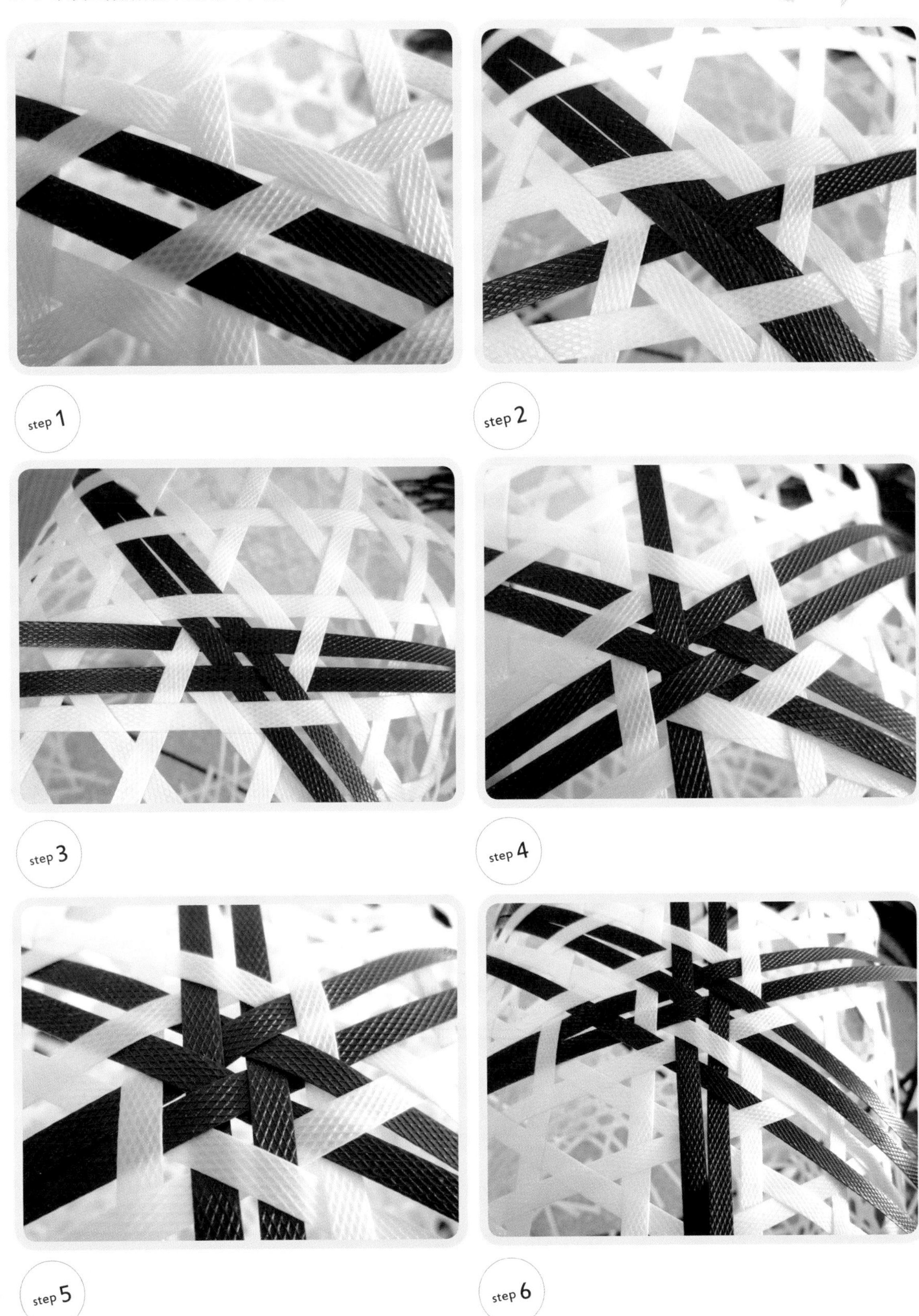

step 7

step 8

step 9

step 10 六角孔穿插

3.6 挑壓技法 八角孔編法

八角孔編織法：線織成八角，每個孔呈現八角形狀。(圖a.b.c.d)

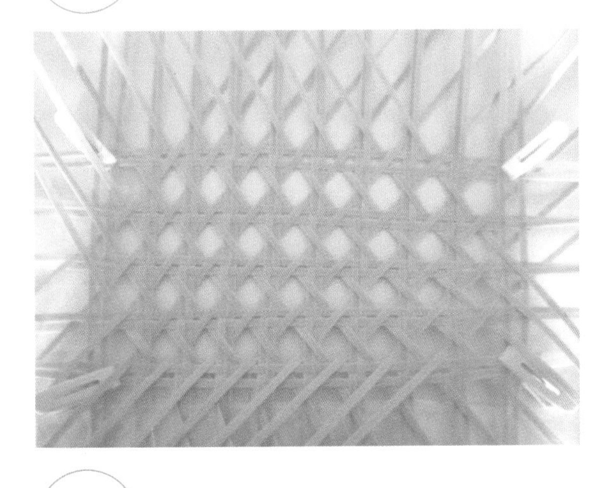

photo d

photo c

八角孔編織流程

1. 清點編織帶尺寸、條數。
2. 縱線全排，線與線之間預留兩條線，膠帶暫時固定。
3. 橫線採一上一下，衣夾固定。
4. 右邊斜線採挑橫壓直，衣夾固定。
5. 左邊斜線採壓橫挑直，衣夾固定。
6. 橡皮圈綁斜線。
7. 尺量底線四圍尺寸。
8. 上層線，鉛筆做記號。
9. 翻面綁底線，穿上層線。
10. 編上層斜線。
11. 調整上、下、左、左尺寸，並固定，並收線。
12. 剪尾線。
13. 置入提把帶。

step 01 縱線20條10組全排

step 02 橫線採壓一挑一

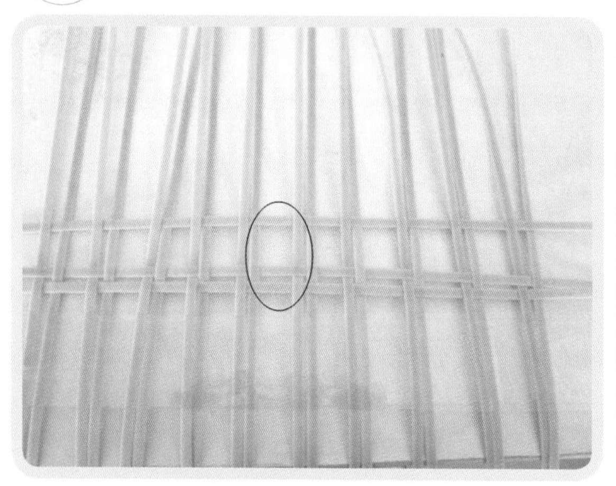

step 03 橫線2線一組區分距離

step 04 續編至五組，衣夾固定

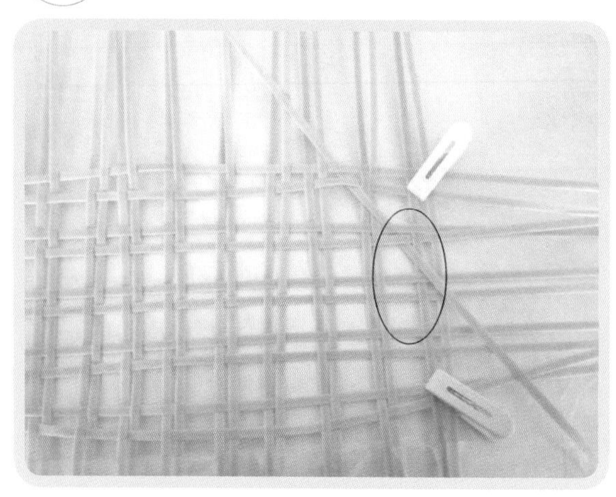

step 05 右線斜邊壓直挑橫，採挑二壓二

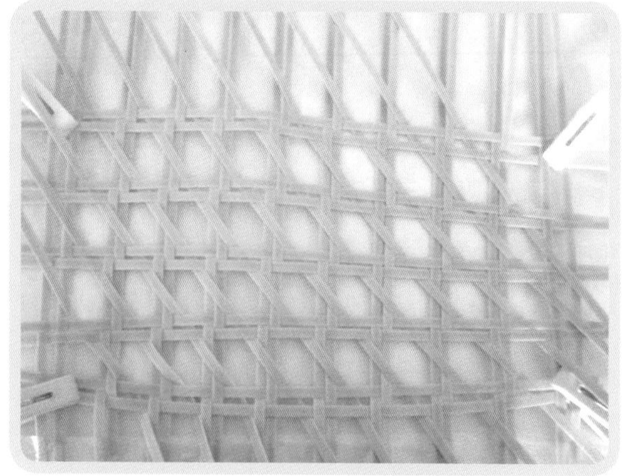

step 06 右線斜邊底部斜邊完成

step 07 左線斜邊挑直壓橫，採挑二壓二

step 08 步驟八左線斜邊底部斜邊完成

step 09 上圍線採壓一挑一

step 10 續編上圍部份

step 11 上圍右線穿插，採壓直挑橫

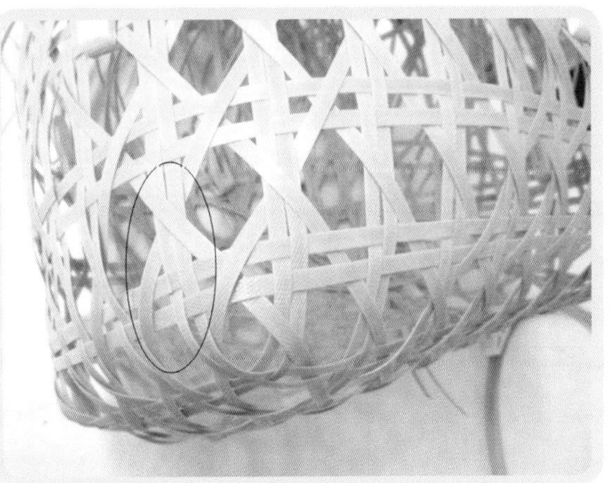

step 12 上圍左線穿插，採挑直壓橫

step 13 上、下、左、右調整距離

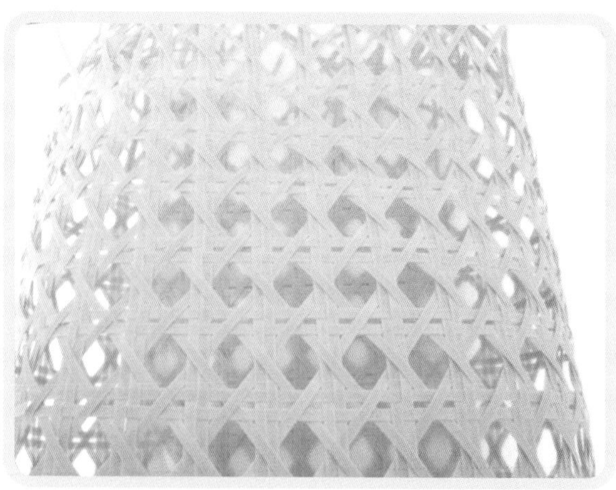

step 14 續編上圍

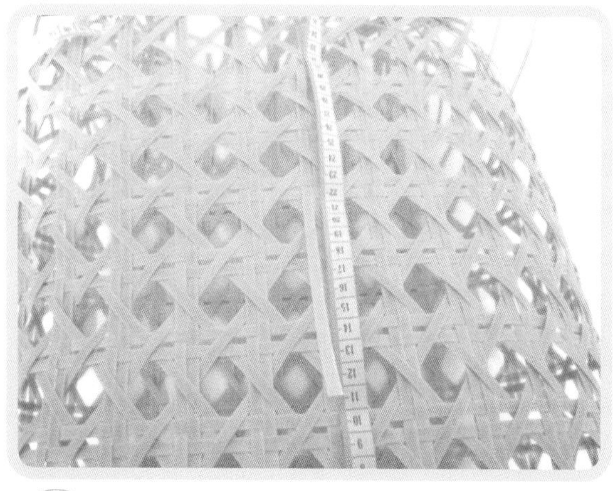

step 15 上、下、左、右調整尺寸，並固定

step 16 斜線、直線收線固定

斜邊線材條數計算：

若中心線：10條（5組*2）

底（縱）：18條（9組*2=18）

斜邊：((8(=9-1)+4(=5-1))*2=24+4角=28條

挑壓技法 輪口編法

輪口(圓孔、蛇目形)編織法：線織成圓形，注意其重疊交織，為防止鬆動，可用繩線固定住避免產生差誤。(圖a.b.c)

輪口編織流程

挑1壓愈多輪口愈小，壓3與壓6則壓6輪口較小：

1. 產品決定，材料選擇準備。
2. 顏色、尺寸、條數清點。
3. 先4條綁起，長在外，短在內。
4. 挑1壓3，呈現扇形，線材穿完。
5. 結合頭尾，頭上尾下，線繩固定 。
6. 做2個相同的單輪口結合成雙輪口。
7. 雙輪口結合相疊，下輪口上層拉上放在上輪口上，第二條線繩固定。
8. 上輪口上層挑下輪口上層，上輪口下層挑下輪口下層，綁第三條線繩，拆第一條線繩及第二條，重疊採壓2挑2技法，第四條線繩固定，拆第三條線繩。
9. 線材尺寸調整。
10. 其餘尾端做法、上層編法以斜編方式自由發揮，亦可結合斜編口訣產生圖樣。

step 01 基準線綁起，壓愈多輪口愈小

step 02 挑1壓5，依順時針方向呈現扇形

step 03 第二條挑1(第2條)壓5(含壓第1條)

step 04 第3條挑1(第3條)壓5（含壓第1.2條）
，以此類推

step 05 邊做邊拉幅度

step 06 挑1壓5線編完成

step 07 頭尾結合：線頭放上，線尾放下

step 08 鬆開橡皮圈

step 09 第一條挑最後第6條，壓最後5條線

step 10 結合成輪狀

step 11 挑上層線用線繩固定防止鬆開

step 12 輪口做2個

step 13 雙輪口結合相疊

step 14 下輪口上層拉上放在上輪口上

step 15 線繩固定(第二條)

step 16 上輪口上層挑下輪口上層

step 17 上輪口下層挑下輪口下層

step 18 完成上、下輪口結合

step 19 第三條固定，拆第一條及第二條

step 20 重疊採壓2挑2(綁第四條，拆第三條)

step 21 線材尺寸長短調整

step 22 上層編法自由發揮

底：以輪口編之圓盤內徑尺寸加2~4cm以不可超過外圍尺寸，底部編織完成後，拉緊並上膠固定防滑動，在中心處用圓規畫圓並剪下（圖23.24.25）

step 23 編底部並線繩固定

step 24 上膠固定，拆線繩

step 25 底部畫圓剪下

置入外圍圓盤內，結合底及外圍穿插向上，以斜編方式續編至要的高度，至收編完成。

提把8條編轉4條編

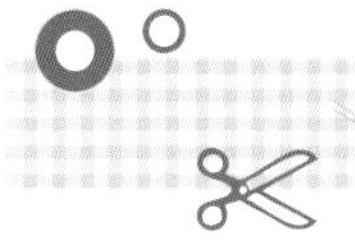

編織流程

step 01 橡皮圈在線的中心先固定，8條分成對半成各4條

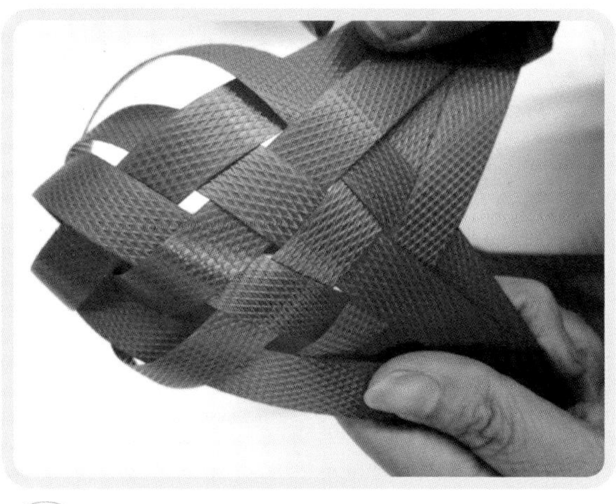

step 02 左右交叉，採壓一挑一編

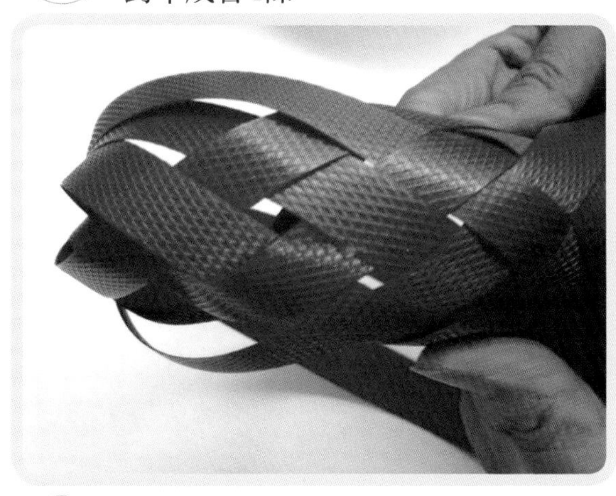

step 03 左最外線末壓，繞後，向右邊線向前編，採壓一挑一呈圓柱狀

step 04 左右外線各2 條成一組，中間左右各2條成另一組

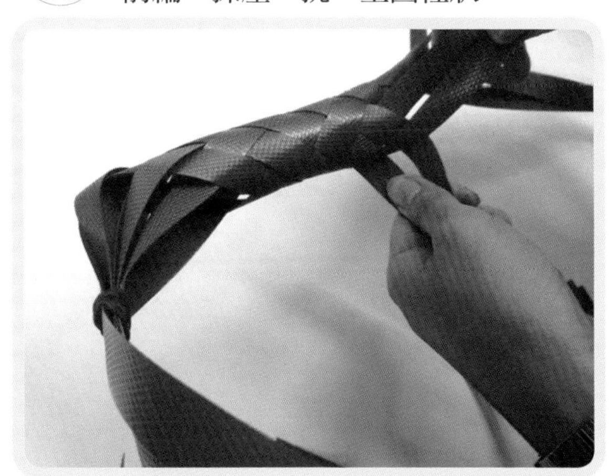

step 05 中間左右各2條共4條

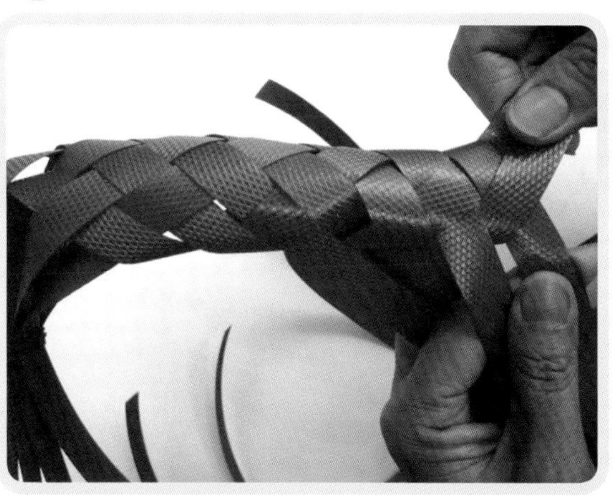

step 06 左最外線末壓，繞後，向右邊線向前編，採壓一挑一呈圓柱狀

step 07 續編至需要長度

step 08 黑髮夾固定

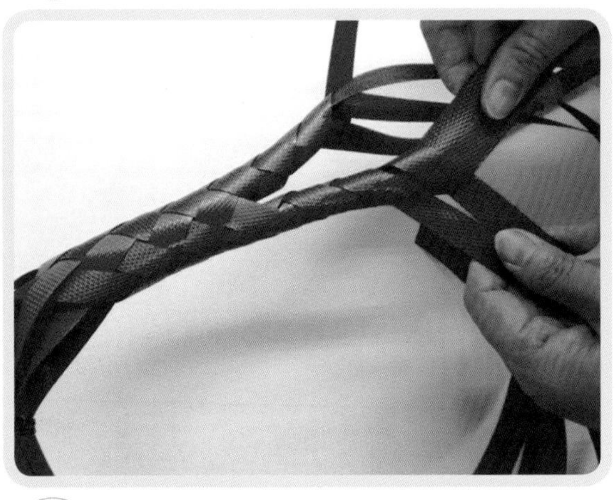

step 09 續編另一邊

step 10 穿入要放的位置上

四條編或六條編其編法同8條編作法，只在第1項將線左右對半成2條或3條，其步驟：1→2→6→7→8→ 穿入要放的位置上

Note:

田字編成品範例作品欣賞

僅基本動作重複的做，是最易學且單純的穿套技法。

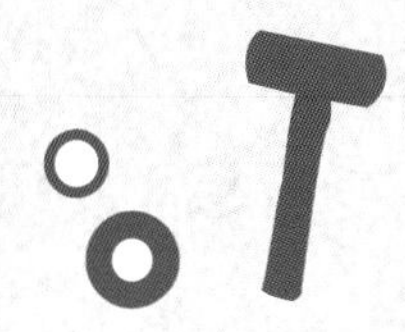

◆ 作法參見 P45~P46 穿套技法——田字編法

面紙盒

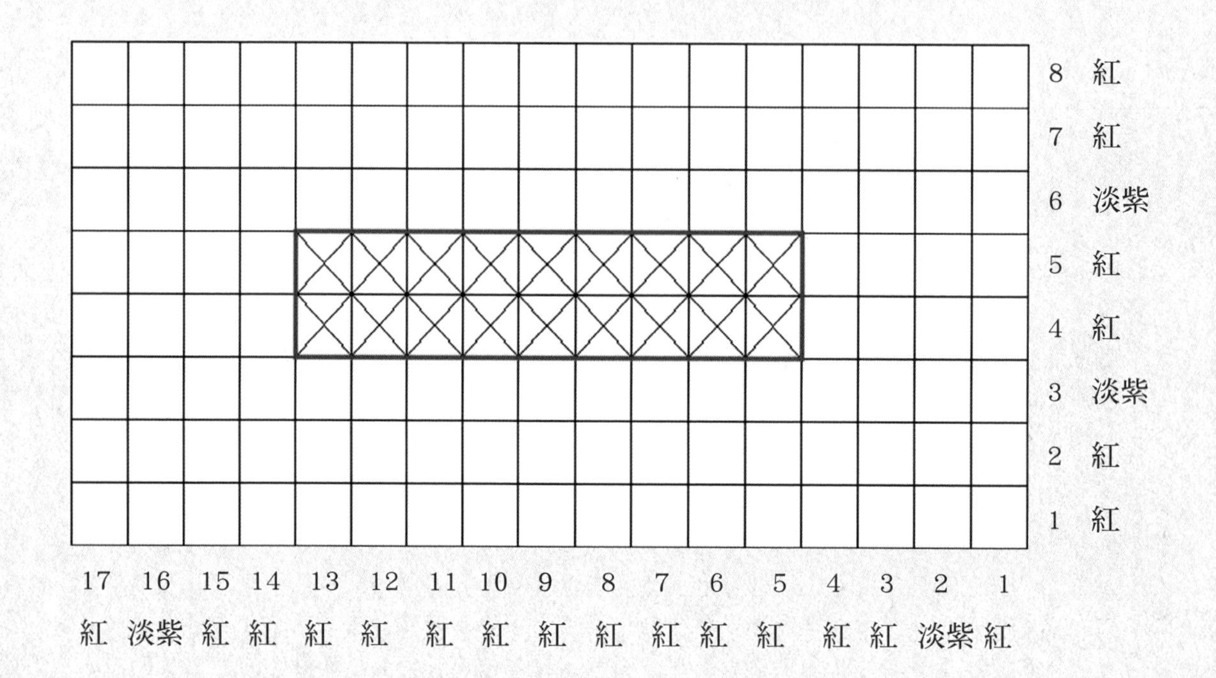

面17朵=140cm= ((6*2+8)*5cm)+20cm+20cm中心缺口

底寬8朵=185cm= ((6*2+17)*5cm)+20cm+20cm中心缺口

高6朵=250cm= ((6+17)*2*5cm)+20cm

面紙盒→中心缺口兩端須各預留10cm收線

(1) 面寬17條= (高*2+底)

(2) 底8條= (高*2+寬)

第4.5條留缺口，前後作各做4朵

(3) 高6條= ((底+寬)*2)

材料

6mm 縱線 140cm * 13條 紅色
6mm 縱線 140cm * 4條 淡紫色
6mm 底寬線 185cm * 6條 紅色
6mm 底寬線 185cm * 2條 淡紫色
6mm 高(四圍)線 250cm * 4條 紅色
6mm 高(四圍)線 250cm * 2條 淡紫色

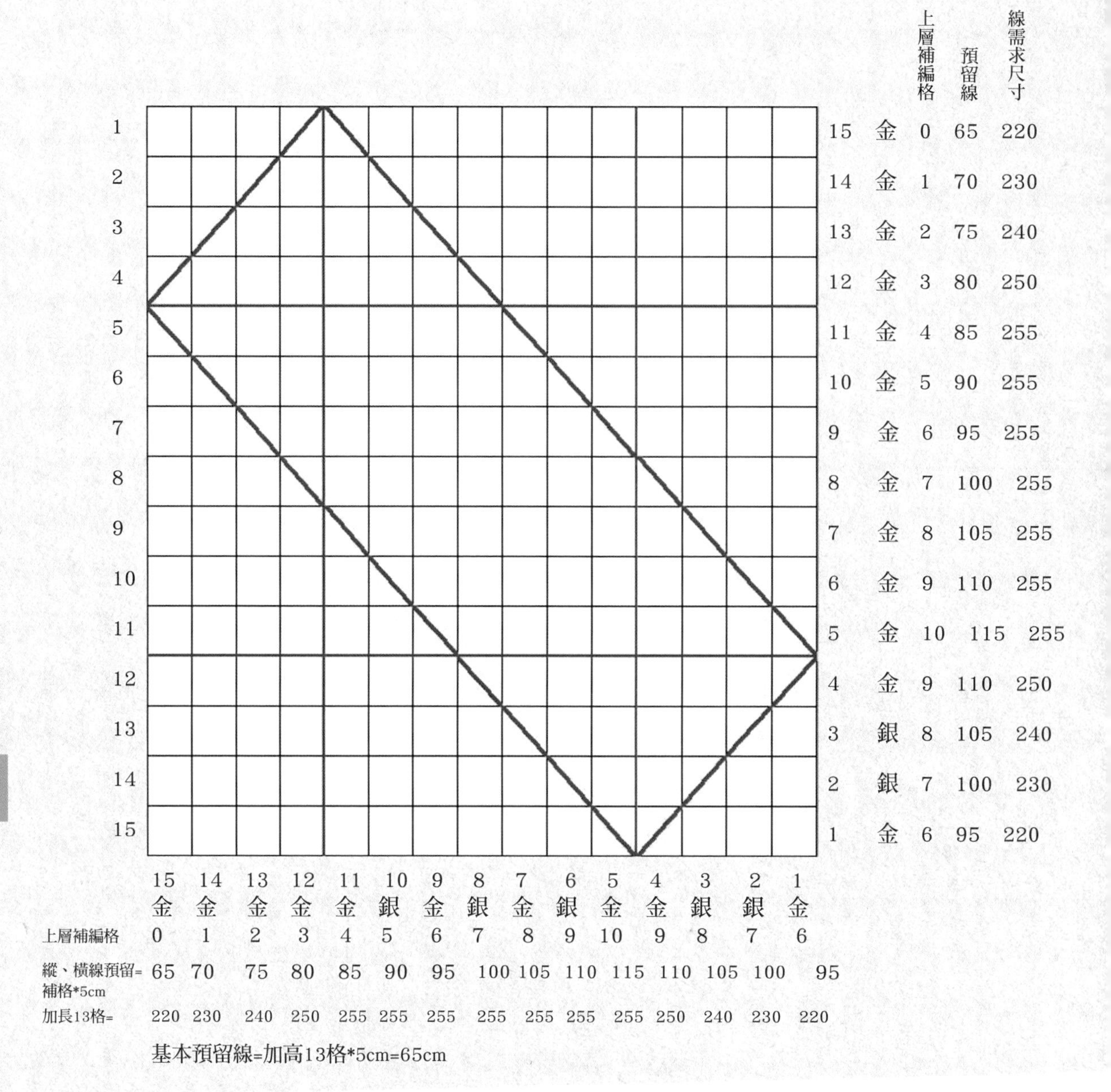

預計長、寬、高=寬4格，面11格, 高21CM=高編24格

起底上層頂尖處=面15條-轉角4條=11條

加高補長度=預做高21CM,須做24格-起底上層頂尖處11條(面條數)=補13格線=13*5=65CM

第5條 ~ 第11條 (中心處)=

面15格*2(正、背面)+高13格=

(43格 *5cm(6mm線)=215cm) + 雙邊收線 各10cm=255cm

第4條、第12條 (轉角格)=中心255cm-1格 5cm=250cm

第3條、第13條 =第4條250cm - 2格(正、背)10cm=240cm

第2條、第14條=第3條240cm - 2格(正、背)10cm=230cm

第1條、第15條 =第2條230cm - 2格(正、背)10cm=220cm

金銀條紋包

材料

6mm 縱線 220cm * 2條 金色
6mm 縱線 230cm * 1條 金色
6mm 縱線 230cm * 1條 銀色
6mm 縱線 240cm * 1條 金色
6mm 縱線 240cm * 1條 銀色
6mm 縱線 250cm * 2條 金色
6mm 縱線 255cm * 4條 金色
6mm 縱線 255cm * 3條 銀色

6mm 橫線 220cm * 2條 金色
6mm 橫線 230cm * 1條 金色
6mm 橫線 230cm * 1條 銀色
6mm 橫線 240cm * 1條 金色
6mm 橫線 240cm * 1條 銀色
6mm 橫線 250cm * 2條 金色
6mm 橫線 255cm * 7條 金色
6mm 收口線 80cm * 1條 任一色
皮袋口蓋1組
市售提把1組

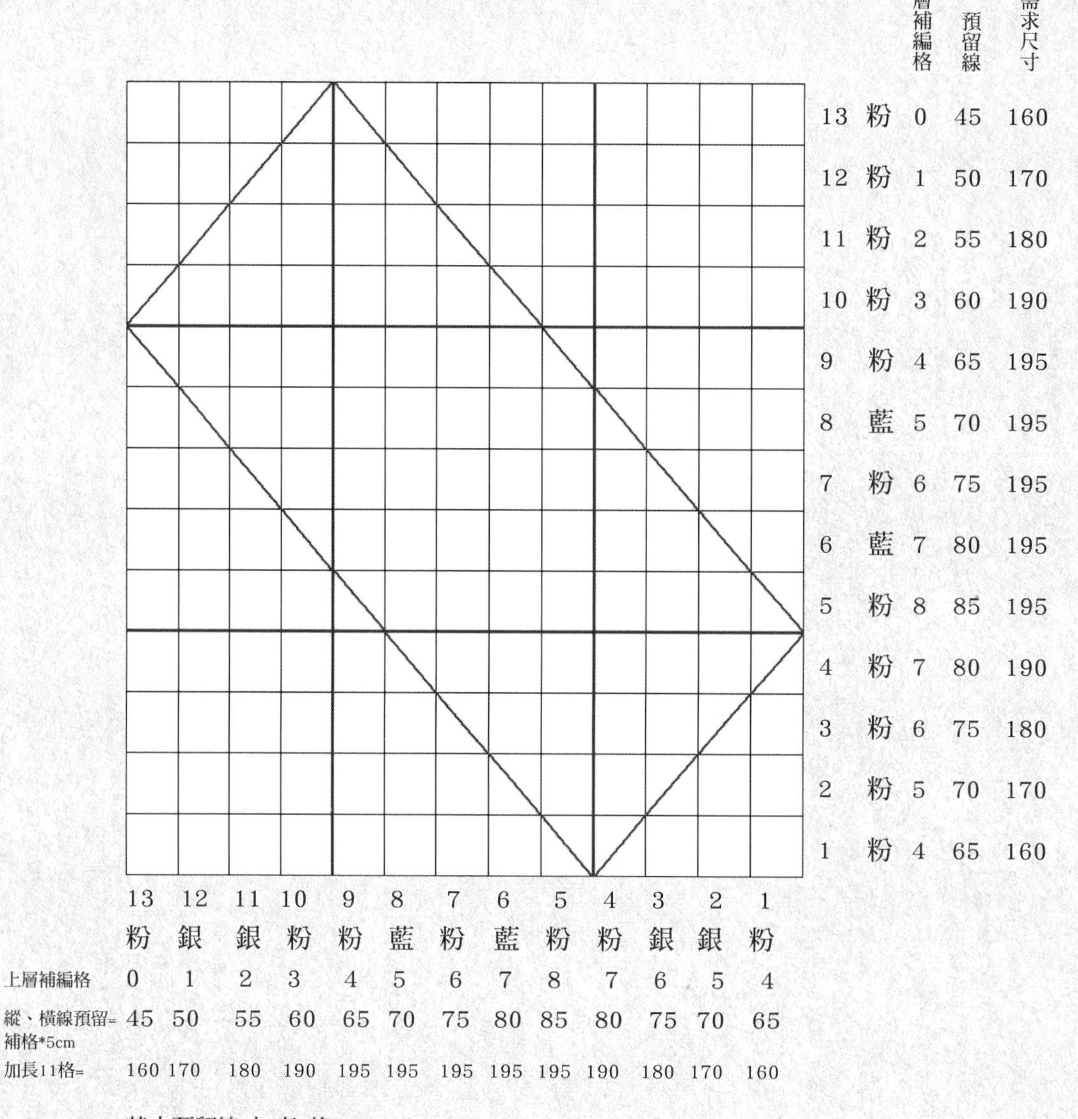

基本預留線=加高9格*5cm=45cm

預計長、寬、高=寬4格，面 9 格, 高16CM=高編18格

起底上層頂尖處=面13條-轉角4條=9條

加高補長度=預做高16CM,做18格 - 起底上層頂尖處9條(面條數)=補9格線=9*5=45CM

第5條 ~ 第9條 (中心處)=

面13格*2(正、背面)+高9格=

(35格 *5cm(6mm線)=175cm) + 雙邊收線 各10cm =195cm

第4條、第10條 (轉角格)=中心195cm - 1格 5cm=190cm

第3條、第11條 =第4條190cm - 2格(正、背)10cm =180cm

第2條、第12條 =第3條180cm - 2格(正、背)10cm =170cm

第1條、第13條 =第2條170cm - 2格(正、背)10cm =160cm

可愛洞洞包

材料

6mm 縱線 160cm＊2條 粉紅色
6mm 縱線 170cm＊2條 銀色
6mm 縱線 180cm＊2條 銀色
6mm 縱線 190cm＊2條 粉紅色
6mm 縱線 195cm＊3條 粉紅色
6mm 縱線 195cm＊2條 藍色

6mm 橫線 160cm＊2條 粉紅色
6mm 橫線 170cm＊2條 粉紅色
6mm 橫線 180cm＊2條 粉紅色
6mm 橫線 190cm＊2條 粉紅色
6mm 橫線 195cm＊3條 粉紅色
6mm 橫線 195cm＊2條 藍色
6mm 收口線 70cm＊1條 任一色
皮袋口蓋 1組
市售提把 1組

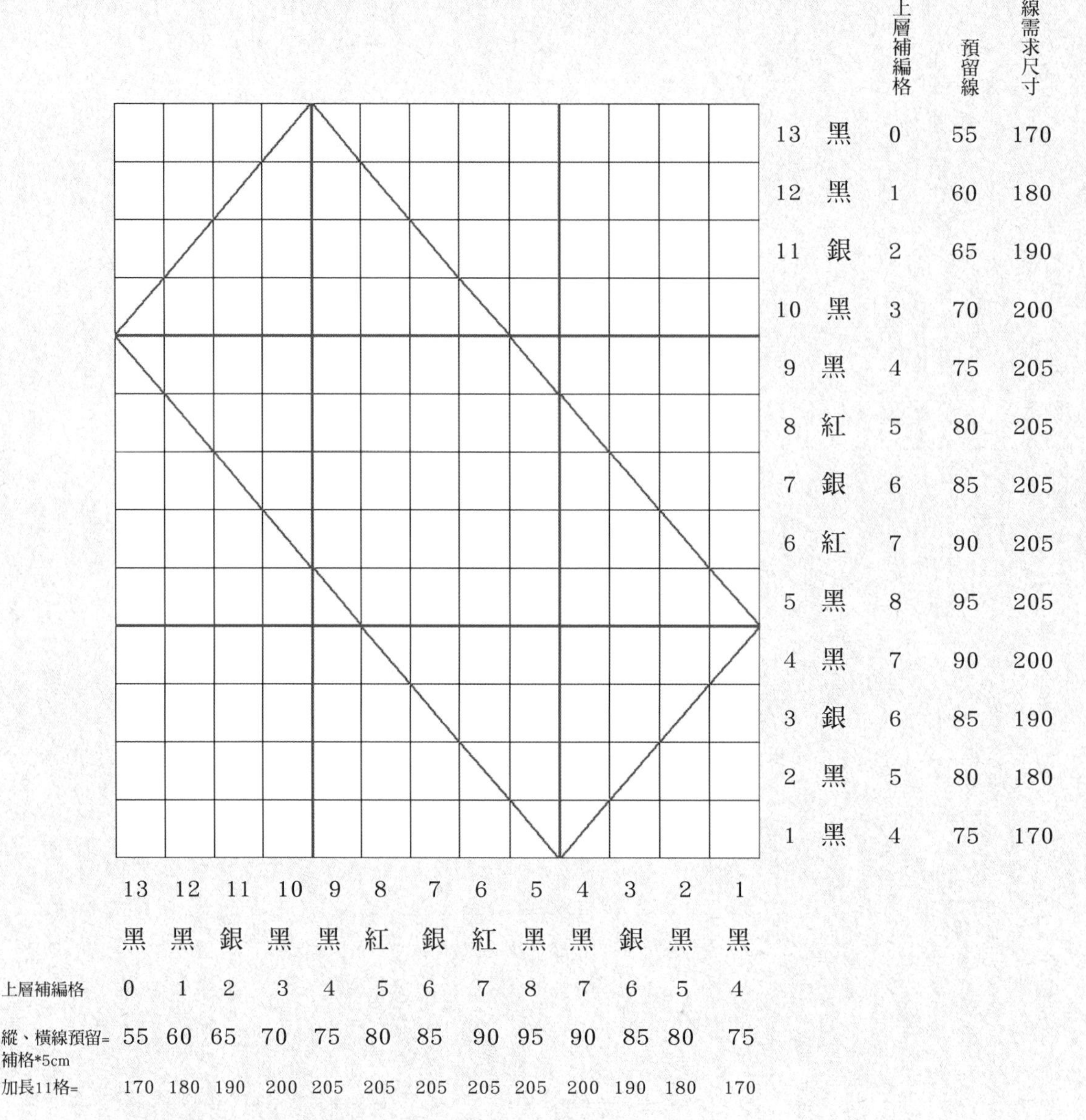

		上層補編格	預留線	線需求尺寸
13	黑	0	55	170
12	黑	1	60	180
11	銀	2	65	190
10	黑	3	70	200
9	黑	4	75	205
8	紅	5	80	205
7	銀	6	85	205
6	紅	7	90	205
5	黑	8	95	205
4	黑	7	90	200
3	銀	6	85	190
2	黑	5	80	180
1	黑	4	75	170

	13	12	11	10	9	8	7	6	5	4	3	2	1
	黑	黑	銀	黑	黑	紅	銀	紅	黑	黑	銀	黑	黑
上層補編格	0	1	2	3	4	5	6	7	8	7	6	5	4
縱、橫線預留=補格*5cm	55	60	65	70	75	80	85	90	95	90	85	80	75
加長11格=	170	180	190	200	205	205	205	205	205	200	190	180	170

基本預留線=加高11格*5cm=55cm

預計長、寬、高 =寬4格，面 9 格, 高18CM= 高編20格

起底上層頂尖處=面13條-轉角4條=9條

加高補長度 =預做高18CM,做20格 - 起底上層頂尖處9條(面條數)=補11格線=11*5=55CM

第5條 ~ 第9條 (中心處)=

面13格*2(正、背面)+高11格=

(37格 *5cm(6mm線)=185cm) + 雙邊收線 各10cm =205cm

第4條、第10條 (轉角格)=中心205cm- 1格 5cm=200cm

第3條、第11條 =第4條200cm - 2格(正、背)10cm =190cm

第2條、第12條=第3條190cm - 2格(正、背)10cm =180cm

第1條、第13條 =第2條180cm - 2格(正、背)10cm =170cm

格紋包

材料

6mm 縱線 170cm＊2條 黑色
6mm 縱線 180cm＊2條 黑色
6mm 縱線 190cm＊2條 銀色
6mm 縱線 200cm＊2條 黑色
6mm 縱線 205cm＊2條 黑色
6mm 縱線 205cm＊1條 銀色
6mm 縱線 205cm＊2條 紅色

6mm 橫線 170cm＊2條 黑色
6mm 橫線 180cm＊2條 黑色
6mm 橫線 190cm＊2條 銀色
6mm 橫線 200cm＊2條 黑色
6mm 橫線 205cm＊2條 黑色
6mm 橫線 205cm＊1條 銀色
6mm 橫線 205cm＊2條 紅色
6mm 收口線 70cm＊1條 任一色
皮袋口蓋 1組
市售提把 1組

平編成品範例作品欣賞

圖紋編織讓作品多樣化。

5.1

十字格紋包包

◆設計圖詳見附件3　P150

5.2 山鏈包

◆ 設計圖詳見附件3 P152

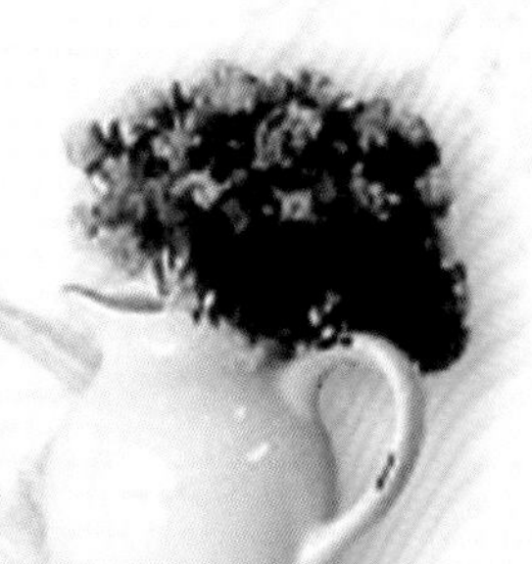

5.3

羊群包

◆設計圖詳見附件3 P154

花槳包

◆ 設計圖詳見附件3 P156

5.5

梯紋車輪包

◆ 設計圖詳見附件3 P158

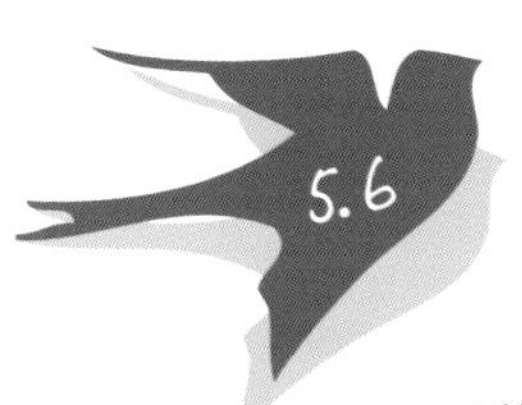

眼光包

◆ 設計圖詳見附件3 P160

5.7
魚戲包
◆ 設計圖詳見附件3 P162
104
歐燕
PP帶編織教學

菱型八角星包

◆ 設計圖詳見附件3　P164

窗魚包

◆ 設計圖詳見附件3 P166

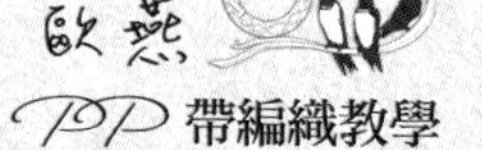

5.10

雄兵包

◆ 設計圖詳見附件3 P168

鈴蘭包

◆ 設計圖詳見附件3 P170

5.12

蝴蝶結包

◆ 設計圖詳見附件3 P172

大小風車包

◆ 設計圖詳見附件3 P174

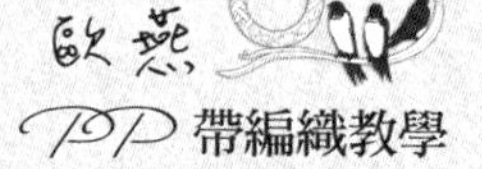

貓頭鷹包

◆ 設計圖詳見附件3 P176

5.15

薔薇花淑女包

◆ 設計圖詳見附件3 P178

菫花包

◆ 設計圖詳見附件3 P180

斜編口訣成品
範例作品欣賞

口訣的製作方法及口訣產生，設計圖稿完全公開解密。

◆ 排線參見 P55 斜紋編排線分區及
P56 斜紋長方編設計排線圖

斜編分區排線

縱線 / 橫線

縱線	區	顏色	規格
	A區	紫	90cm*16條
	B區	紫	100cm*8條
	C區	米	90cm*16條

橫線	區	顏色	規格
	F區	紫	90cm*16條
	E區	米	100cm*8條
	D區	米	90cm*16條

材料

6mm 縱線 A 區 90cm * 16條 紫色
6mm 縱線 B 區 100cm * 8條 紫色
6mm 縱線 C 區 90cm * 16條 米色
6mm 橫線 D 區 90cm * 16條 米色
6mm 橫線 E 區 100cm * 8條 米色
6mm 橫線 F 區 90cm * 16條 紫色
6mm 收口線 90cm * 1條 任一色
市售提把1組

口訣

5組25線

第 1 組	2 1 5 5 5 5 2	= 25
第 2 組	2 2 2 1 2 2 1 2 2 1 2 1 2 1 2	= 25
第 3 組	2 1 1 1 1 3 1 1 3 1 1 3 1 1 1 1 2	= 25
第 4 組	2 1 2 1 2 1 2 2 1 2 2 1 2 2 2	= 25
第 5 組	2 5 5 5 5 1 2	= 25

十字方塊包

縱線

橫線

斜編分區排線

F區 銀
90cm*16條

E區 白
100cm*8條

D區 白
90cm*16條

A區 銀
90cm*16條

B區 銀
100cm*8條

C區 白
90cm*16條

材料

6mm 縱線 A區 90cm * 16條 銀
6mm 縱線 B區 100cm * 8條 銀
6mm 縱線 C區 90cm * 16條 白
6mm 橫線 D區 90cm * 16條 白
6mm 橫線 E區 100cm * 8條 白
6mm 橫線 F區 90cm * 16條 銀
6mm 收口線 90cm * 1條 任一
皮袋口蓋 1組
市售提把1組

口訣

1	2 2 1 4 2 2 2	15
2	2 3 2 3 1 2 2	15
3	2 3 1 1 2 4 2	15
4	2 2 2 3 2 2 2	15
5	2 5 1 1 2 2 2	15

大樹包

縱線

橫線

斜編分區排線

F區 紫
90cm*16條

E區 粉紅
100cm*8條

D區 粉紅
90cm*16條

A區 紫
90cm*16條

B區 紫
100cm*8條

C區 粉紅
90cm*16條

材料

6mm 縱線 A 區 90cm * 16條 紫色
6mm 縱線 B 區 100cm * 8條 紫色
6mm 縱線 C 區 90cm * 16條 粉紅色
6mm 橫線 D 區 90cm * 16條 粉紅色
6mm 橫線 E 區 100cm * 8條 粉紅色
6mm 橫線 F 區 90cm * 16條 紫色
6mm 收口線 90cm * 1條 任一色
市售提把 1組

口訣

10組25線

組別	口訣	合計
第 1 組	2 2 2 3 2 3 2 3 2 2 2	= 25
第 2 組	2 2 4 1 4 5 1 4 2	= 25
第 3 組	2 2 2 1 2 1 2 1 2 3 3 2 2	= 25
第 4 組	2 3 3 1 1 1 1 1 3 2 3 2 2	= 25
第 5 組	2 2 1 2 3 1 1 1 3 2 3 2 2	= 25
第 6 組	2 2 3 4 3 4 3 2 2	= 25
第 7 組	2 2 3 2 3 1 1 1 3 2 1 2 2	= 25
第 8 組	2 2 3 2 3 1 1 1 1 1 3 3 2	= 25
第 9 組	2 2 3 3 2 1 2 1 2 1 2 2 2	= 25
第 10 組	2 4 1 5 4 1 4 2 2	= 25

飛鏢包

雲端十字架包

材料

6mm 縱線 A 區 110cm * 16條 金色
6mm 縱線 B 區 120cm * 12條 金色
6mm 縱線 C 區 110cm * 16條 金色
6mm 橫線 D 區 110cm * 16條 金色
6mm 橫線 E 區 120cm * 12條 金色
6mm 橫線 F 區 110cm * 16條 金色
6mm 面圖紋穿插 88條 白色
6mm 收口線 110cm * 1條 任一色
市售提把1組

縱線
橫線

F區 金
110cm*16條

面圖紋穿插
88條 白

E區 金
120cm*12條

D區 金
110cm*16條

A區 金
110cm*16條

B區 金
120cm*12條

C區 金
110cm*16條

口訣

11組27線

第1組	2 2 1 2 1 2 1 3 3 3 3 2 2	= 27
第2組	2 2 3 3 3 3 1 2 1 2 1 2 2	= 27
第3組	2 2 2 1 2 1 2 1 2 4 3 3 2	= 27
第4組	2 2 2 3 3 3 2 2 3 3 2	= 27
第5組	2 4 2 3 1 3 2 2 3 3 2	= 27
第6組	2 3 1 2 2 2 1 2 2 2 3 3 2	= 27
第7組	2 3 3 2 3 1 3 2 3 3 2	= 27
第8組	2 3 3 2 2 2 1 2 2 2 1 3 2	= 27
第9組	2 3 3 2 2 3 1 3 2 4 2	= 27
第10組	2 3 3 2 2 3 3 3 2 2 2	= 27
第11組	2 3 3 4 2 1 2 1 2 1 2 2 2	= 27

縱線

橫線

斜編分區排線

F 區 粉紅 90cm*12條

E 區 白 100cm*12條

D 區 白 90cm*12條

A 區 粉紅 90cm*12條

B 區 粉紅 100cm*12條

C 區 白 90cm*12條

材料

6mm 縱線 A 區 90cm * 12條 粉紅色
6mm 縱線 B 區 100cm * 12條 粉紅色
6mm 縱線 C 區 90cm * 12條 白色
6mm 橫線 D 區 90cm * 12條 白色
6mm 橫線 E 區 100cm * 12條 白色
6mm 橫線 F 區 90cm * 12條 粉紅色
6mm 收口線 90cm * 1條 任一色
市售提把1組

口訣

4組15線

第 1 組	2 2 1 1 2 1 2 2 2	= 15
第 2 組	2 2 2 1 2 1 1 2 2	= 15
第 3 組	2 2 4 5 2	= 15
第 4 組	2 5 4 2 2	= 15

寶瓶包

縱線

橫線

斜編分區排線

F 區 黑
80cm*12條

E 區 白
90cm*8條

D 區 白
80cm*12條

A 區 黑
80cm*12條

B 區 黑
90cm*8條

C 區 白
80cm*12條

材料

6mm 縱線 A 區 80cm * 12條 黑色
6mm 縱線 B 區 90cm * 8條 黑色
6mm 縱線 C 區 80cm * 12條 白色
6mm 橫線 D 區 80cm * 12條 白色
6mm 橫線 E 區 90cm * 12條 白色
6mm 橫線 F 區 80cm * 12條 黑色
6mm 收口線 80cm * 1條 任一色
自製背帶(緞帶、織帶) 150cm*1條
或市售背帶1組

口訣

8組17線

第 1 組	3 2 3 3 3 1 2	= 17
第 2 組	2 1 2 3 5 2 2	= 17
第 3 組	2 3 2 3 3 2 2	= 17
第 4 組	2 1 1 1 1 1 2 1 1 1 1 2	= 17
第 5 組	2 2 3 2 2 4 2	= 17
第 6 組	2 2 5 2 2 2 2	= 17
第 7 組	2 1 3 3 3 1 4	= 17
第 8 組	2 3 2 1 1 1 2 3 2	= 17

機器人包

6.7

麻索護口包

1 2 1 2 1 2 1 2 1

縱線

橫線

F區 金
100cm*14條

面圖文穿插
70條 白

E區 金
110cm*7條

D區 金
100cm*14條

A區 金
100cm*14條

B區 金
110cm*7條

C區 金
100cm*14條

材料

6mm 縱線 A 區 100cm * 14條 金色
6mm 縱線 B 區 110cm * 7條 金色
6mm 縱線 C 區 100cm * 14條 金色
6mm 橫線 D 區 100cm * 14條 金色
6mm 橫線 E 區 110cm * 7條 金色
6mm 橫線 F 區 100cm * 14條 金色
6mm 面圖紋穿插 70條 白色
6mm 收口線 110cm * 1條 任一色
皮袋口蓋1組
市售提把1組

口訣

7組13線

第１組　２２３１１２２　＝13
第２組　２３１１１３２　＝13
第３組　２２１１３２２　＝13
第４組　２３１５２　＝13
第５組　２４３２２　＝13
第６組　２２３４２　＝13
第７組　２５１３２　＝13

口訣

2組延伸線

第１組２２２・・・３２
第２組１１２２・・１２

串口包

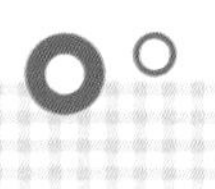

縱線
橫線
斜編分區排線

F區 紅
100cm*12條

E區 紅
110cm*12條

D區 紅
100cm*12條

A區 紅
100cm*12條

B區 紅
110cm*12條

C區 紅
100cm*12條

材料

6mm 縱線 A 區 100cm * 12條 紅色
6mm 縱線 B 區 110cm * 12條 紅色
6mm 縱線 C 區 100cm * 12條 紅色
6mm 橫線 D 區 100cm * 12條 紅色
6mm 橫線 E 區 110cm * 12條 紅色
6mm 橫線 F 區 100cm * 12條 紅色
6mm 收口線 100cm * 1條 任一色
6mm 面圖紋穿插 72條 黑色
皮袋口蓋1組
市售提把1組

口訣

3組延伸

第1組　2133延伸　32
第2組　2211延伸　22
第3組　2333延伸　12

其他編法成品
範例作品欣賞

六角孔編法、風車編法、八角孔編法打破傳統編法，重新附予新編法，使編織更易上手且快速完成，難度較高的雙輪口編，透過圖片解說，成功的機率將大增。

六角孔編置物籃

◆ 作法參見P64~P66 挑壓技法 六角孔編法

材料

6mm 直線 90cm * 10條 紅色

6mm 右斜線 90cm * 10條 紅色

6mm 左斜線 90cm * 10條 紅色

6mm 四圍線 90cm * 7條 紅色

6mm 提把 120cm * 8條 紅色

6mm 滾邊 250cm * 4條 米色

15mm 修飾線 90cm * 4條 淡紫色

鐵線 90cm * 1 條

風車編小花珍珠包

◆ 作法參見 P67~P69 挑壓技法 六角孔編法——星花編

材料

12mm　底中心 110cm* 6條 寶藍色
12mm　右斜 100cm*18條 寶藍色
12mm　左斜 100cm*18條 寶藍色

12mm 四圍高 90cm* 6條 金黃色
12mm 四圍高 90cm* 6條 寶藍色
12mm 四圍高 90cm* 6條 淺紫色

修花 (底中心6條+左右斜邊36條)*2/3=28條
12mm 修花　40cm* 56條 淡紫色
12mm 修花　40cm* 56條 金黃色

底排線：寶藍色
斜排線：寶藍色
上層排線：金黃色、寶藍色、淺紫色

市售提把 1組

八角孔編置物籃

◆ 作法參見 P74~P76 挑壓技法 八角孔編法

材料

6mm 縱線 120cm * 20條 土黃色

6mm 底線 120cm * 10條 土黃色

6mm 斜線 140cm * 28條 黑色

6mm 四圍線 110cm * 10條 土黃色

鐵線 110cm * 1 條

7.4

輪口編置物籃

◆ 作法參見 P78~P82 挑壓技法 輪口編法

材料

6mm 單輪口 120cm * 30條 藍色

6mm 單輪口 120cm * 30條 黃色

鐵線 90cm * 1 條

自製著作權保護

1.設計圖或手稿印在相片紙背面(圖1~ 4)

photo 4

photo 2

2. 到郵局用掛號寄給自己，著作完成日期要清晰。

photo 3

著作權侵權要件

著作權的範圍：1.著作人格權2.著作財產權

著作之合理使用：著作權法第44~65條

著作權侵害認定的兩個要件：1. 接觸 2. 實質近似，實質近似指量及質之相似，表雷同的比率太多。

著作權法部份條文　民國87年01月21日修正

第一條

為保障著作人著作權益，調和社會公共利益，促進國家文化發展，特制定本法。本法未規定者，適用其他法律之規定。

第三條

本法用詞定義如下：

一、著作：指屬於文學、科學、藝術或其他學術範圍之創作。

二、著作人：指創作著作之人。

三、著作權：指因著作完成所生之著作人格權及著作財產權。

第十條

著作人於著作完成時享有著作權。但本法另有規定者，從其規定。

第十五條

著作人就其著作享有公開發表之權利。但公務員，依第十一條及第十二條規定為著作人，而著作財產權歸該公務員隸屬之法人享有者，不適用之。

有下列情形之一者，**推定著作人同意公開發表其著作**：

一、著作人將其尚未公開發表著作之著作財產權讓與他人或授權他人利用時，因著作財產權之行使或利用而公開發表者。

二、著作人將其尚未公開發表之美術著作或攝影著作之著作原件或其重製物讓與他人，受讓人以其著作原件或其重製物公開展示者。

三、依學位授予法撰寫之碩士、博士論文，著作人已取得學位者。

依第十一條第二項及第十二條第二項規定，由雇用人或出資人自始取得尚未公開發表著作之著作財產權者，因其著作財產權之讓與、行使或利用而公開發表者，視為著作人同意公開發表其著作。

前項規定，於第十二條第三項準用之。

第十六條

著作人於著作之原件或其重製物上或於著作公開發表時，**有表示其本名、別名或不具名之權利**。著作人 就其著作所生之衍生著作，亦有相同之權利。

前條第一項但書規定，於前項準用之。

利用著作之人，得使用自己之封面設計，並加冠設計人或主編之姓名或名稱。但著作人有特別表示或違反社 會使用慣例者，不在此限。

依著作利用之目的及方法，於著作人之利益無損害之虞，且不違反社會使用慣例者，得省略著作人之姓名或名稱。

第十七條

著作人享有禁止他人以歪曲、割裂、竄改或其他方法改變其著作之內容、形式或名目致損害其名譽之權利。

第四十四條

中央或地方機關，因立法或行政目的所需，認有必要將他人著作列為內部參考資料時，在合理範圍內，得重製他人之著作。但依該著作之種類、用途及其重製物之數量、方法，**有害於著作財產權人之利益者，不在此限。**

第四十五條

專為司法程序使用之必要，在合理範圍內，得重製他人之著作。

前條但書規定，於前項情形準用之。

第四十六條

依法設立之各級學校及其擔任教學之人，為學校授課需要，在合理範圍內，得重製他人已公開發表之著作。

第四十四條但書規定，於前項情形準用之。

第四十七條

為編製依法令應經教育行政機關審定之教科用書，或教育行政機關編製教科用書者，在合理範圍內，得重製、改作或編輯他人已公開發表之著作。

前項規定，於編製附隨於該教科用書且專供教學之人教學用之輔助用品，準用之。但以由該教科用書編製者編製為限。

依法設立之各級學校或教育機構，為教育目的之必要，在合理範圍內，得公開播送他人已公開發表之著作。

前三項情形，**利用人應將利用情形通知著作財產權人並支付使用報酬**。使用報酬率，由主管機關定之。

第四十八條

供公眾使用之圖書館、博物館、歷史館、科學館、藝術館或其他文教機構，於下列情形之一，得就其收藏之著作重製之：

一、應閱覽人供個人研究之要求，重製已公開發表著作之一部分，或期刊或已公開發表之研討會論文集之單篇著作，每人以一份為限。

二、基於保存資料之必要者。

三、就絕版或難以購得之著作，應同性質機構之要求者。

第四十八條之一

中央或地方機關、依法設立之教育機構或供公眾使用之圖書館，得重製下列已公開發表之著作所附之摘要：

一、依學位授予法撰寫之碩士、博士論文，著作人已取得學位者。

二、刊載於期刊中之學術論文。

三、已公開發表之研討會論文集或研究報告。

第四十九條

以廣播、攝影、錄影、新聞紙或其他方法為時事報導者，在報導之必要範圍內，得利用其報導過程中所接觸之著作。

第五十條

以中央或地方機關或公法人名義公開發表之著作，在合理範圍內，得重製或公開播送。

第五十一條

供個人或家庭為非營利之目的，在合理範圍內，得利用圖書館及非供公眾使用之機器重製已公開發表之著作。

第五十二條

為報導、評論、教學、研究或其他正當目的之必要，在合理範圍內，得引用已公開發表之著作。

第五十三條

已公開發表之著作，得為盲人以點字重製之。以增進盲人福利為目的，經主管機關許可之機構或團體，得以錄音、電腦或其他方式利用已公開發表之著作，專供盲人使用。

第五十四條

中央或地方機關、依法設立之各級學校或教育機構辦理之各種考試，得重製已公開發表之著作，供為試題之用。但已公開發表之著作如為試題者，不適用之。

第五十五條

非以營利為目的，未對觀眾或聽眾直接或間接收取任何費用，且未對表演人支付報酬者，得於活動中公開口述、公開播送、公開上映或公開演出他人已公開發表之著作。

第五十六條

廣播或電視，為播送之目的，得以自己之設備錄音或錄影該著作。但以其播送業經著作財產權人之授權或合於本法規定者為限。

前項錄製物除經主管機關核准保存於指定之處所外，應於錄音或錄影後一年內銷燬之。

第五十六條之一

為加強收視效能，得以依法令設立之社區共同天線同時轉播依法設立無線電視臺播送之著作，不得變更其形式或內容。

有線電視之系統經營者得提供基本頻道，同時轉播依法設立無線電視臺播送之著作，不得變更其形式或內容。

第五十七條

美術著作或攝影著作原件或合法重製物之所有人或經其同意之人，得公開展示該著作原件或合法重製物。

前項公開展示之人，為向參觀人解說著作，得於說明書內重製該著作。

第五十八條

於街道、公園、建築物之外壁或其他向公眾開放之戶外場所長期展示之美術著作或建築著作，除下列情形外，得以任何方法利用之：

一、以建築方式重製建築物。

二、以雕塑方式重製雕塑物。

三、為於本條規定之場所長期展示目的所為之重製。

四、專門以販賣美術著作重製物為目的所為之重製。

第五十九條

合法電腦程式著作重製物之所有人得因配合其所使用機器之需要，修改其程式，或因備用存檔之需要重製其程式。但限於該所有人自行使用。

前項所有人因滅失以外之事由，喪失原重製物之所有權者，除經著作財產權人同意外，應將其修改或重製之程式銷燬之。

第六十條

合法著作重製物之所有人，得出租該重製物。但錄音及電腦程式著作之重製物，不適用之。

附含於貨物、機器或設備之電腦程式著作重製物，隨同貨物、機器或設備合法出租且非該項出租之主要標的物者，不適用前項但書之規定。

第六十一條

揭載於新聞紙、雜誌有關政治、經濟或社會上時事問題之論述，得由其他新聞紙、雜誌轉載或由廣播或電視公開播送。但經註明不許轉載或公開播送者，不在此限。

第六十二條

政治或宗教上之公開演說、裁判程序及中央或地方機關之公開陳述，任何人得利用之。但專就特定人之演說或陳述，編輯成編輯著作者，應經著作財產權人之同意。

第六十三條

依第四十四條、第四十五條、第四十八條第一款、第四十八條之一至第五十條、第五十二條至第五十五條、第六十一條及第六十二條規定得利用他人著作者，得翻譯該著作。

依第四十六條及第五十一條規定得利用他人著作者，得改作該著作。

第六十四

條依第四十四條至第四十七條、第四十八條之一至第五十條、第五十二條、第五十三條、第五十五條、第五十七條、第五十八條、第六十條至第六十三條規定利用他人著作者，應明示其出處。

前項明示出處，就著作人之姓名或名稱，除不具名著作或著作人不明者外，應以合理之方式為之。

第六十五條

著作之合理使用，不構成著作財產權之侵害。

著作之利用是否合於第四十四條至第六十三條規定或其他合理使用之情形，應審酌一切情狀，尤應注意下列事項，以為判斷之標準：

一、利用之目的及性質，包括係為商業目的或非營利教育目的。

二、著作之性質。

三、所利用之質量及其在整個著作所占之比例。

四、利用結果對著作潛在市場與現在價值之影響。

第八十七條

有下列情形之一者，除本法另有規定外，視為侵害著作權或製版權：

者。
二、明知為侵害著作權或製版權之物而散布或意圖散布而陳列或持有或意圖營利而交付者。
三、輸入未經著作財產權人或製版權人授權重製之重製物或製版物者。
四、未經著作財產權人同意而輸入著作原件或其重製物者。
五、明知係侵害電腦程式著作財產權之重製物而仍作為直接營利之使用者。
第八十七條之一
有下列情形之一者，前條第四款之規定，不適用之：
一、為供中央或地方機關之利用而輸入。但為供學校或其他教育機構之利用而輸入或非以 保存資料之目的而輸入視聽著作原件或其重製物者，不在此限。
二、為供非營利之學術、教育或宗教機構保存資料之目的而輸入視聽著作原件或一定數量 重製物，或為其圖書館借閱或保存資料之目的而輸入視聽著作以外之其他著作原件或一定數量重製物， 並應依第四十八條規定利用之。
三、為供輸入者個人非散布之利用或屬入境人員行李之一部分而輸入著作原件或一定數量重製物者。
四、附含於貨物、機器或設備之著作原件或其重製物，隨同貨物、機器或設備之合法輸入 而輸入者，該著作原件或其重製物於使用或操作貨物、機器或設備時不得重製。
五、附屬於貨物、機器或設備之說明書或操作手冊隨同貨物、機器或設備之合法輸入而輸入者。但以說明書或操作手冊為主要輸入者，不在此限。
前項第二款及第三款之一定數量，由主管機關另定之。
第九十一條
擅自以重製之方法侵害他人之著作財產權者，處六月以上三年以下有期徒刑，得併科新臺幣二十萬元以下罰金。意圖銷售或出租而擅自以重製之方法侵害他人之著作財產權者，處六月以上五年以下有期徒刑，得 併科新臺幣三十萬元以下罰金。
第九十二條
擅自以公開口述、公開播送、公開上映、公開演出、公開展示、改作、編輯或出租之方法侵害他人之著 作財產權者，處三年以下有期徒刑，得併科新臺幣十五萬元以下罰金。
第九十三條
有下列情形之一者，處二年以下有期徒刑，得併科新臺幣十萬元以下罰金：
一、侵害第十五條至第十七條規定之著作人格權者。
二、違反第七十條規定者。
三、以第八十七條各款方法之一侵害他人之著作權者。
第九十四條
以犯第九十一條、第九十二條或第九十三條之罪為常業者，處一年以上七年以下有期徒刑，得併科新臺 幣四十五萬元以下罰金。

第九十五條

有下列情形之一者，處一年以下有期徒刑，得併科新臺幣五萬元以下罰金：

一、違反第十八條規定者。

二、侵害第七十九條規定之製版權者。

三、以第八十七條各款方法之一侵害他人製版權者。

四、違反第一百十二條規定者。

第九十九條

犯第九十一條至第九十五條之罪者，因被害人或其他有告訴權人之聲請，**得令將判決書全部或一部登報 ，其費用由被告負擔。**

第一百條

本章之罪，須告訴乃論。但第九十四條及第九十五條第一款之罪，不在此限。

Note:

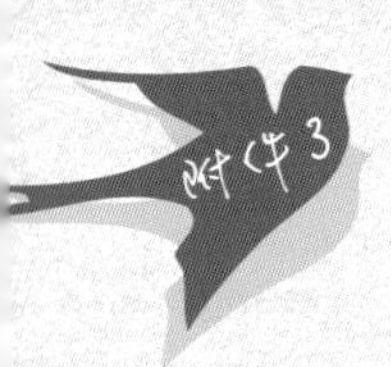

正、背面

側面

底部

5.1 十字格紋包

材料

6mm 縱線 80cm * 43條 黑色
6mm 底寬線 90cm * 21條 黑色
6mm 高(四圍)線 90cm * 32條 黃色
6mm 收口線 90cm * 1條 任一色
市售提把 1組

42 41 40 39 38 37 36 35 34 33 32 31 30 29 28 27 26 25 24 23 22 21 20 19 18 17 16 15 14 13 12 11 10 9 8 7 6 5 4 3 2 1
-24 -23 -22 -21 -20 -19 -18 -17 -16 -15 -14 -13 -12 -11 -10 -9 -8 -7 -6 -5 -4 -3 -2 -1 0 1 2 3 4 5 6 7 8 9 10 11 12 13 14 15 16 17 18 19 20 21 22 23 24
1 2 3 4 5 6 7 8 9 10 11 12 13 14 15 16 17 18 19 20 21 22 23 24 25 26 27 28 29 30 31 32 33 34 35 36 37 38 39 40 41 42 43 44 45 46 47 48 49
49 48 47 46 45 44 43 42 41 40 39 38 37 36 35 34 33 32 31 30 29 28 27 26 25 24 23 22 21 20 19 18 17 16 15 14 13 12 11 10 9 8 7 6 5 4 3 2 1
1 2 3 4 5 6 7 8 9 10 11 12 13 14 15 16 17 18 19 20 21 22 23 24 25 26 27 28 29 30 31 32 33 34 35 36 37 38 39 40 41 42

正、背面

5.2

山鏈包

材料

A 包款

6mm 縱線 90cm * 49條 黑色

6mm 底寬線 100cm * 23條 黑色

6mm 高(四圍)線 100cm * 42條 白色

6mm 收口線 90cm * 1條 任一色

市售提把 1組

B 包款

3mm 縱線 60cm * 49條 黑色

3mm 底寬線 60cm * 23條 黑色

3mm 高(四圍)線 60cm * 42條 白色

3mm 收口線 60cm * 1條 任一色

市售提把 1組

側面

底部

A 包款

B 包款

正、背面

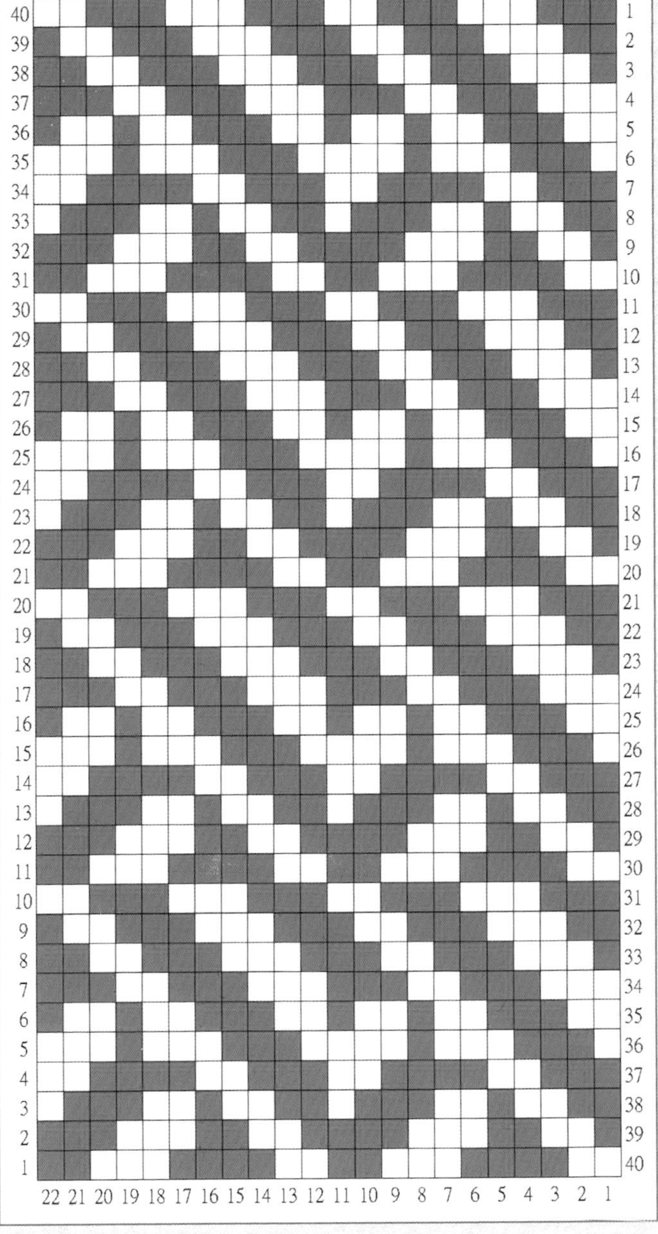

5.3

羊群包

材料

6mm 縱線 90cm * 44條 紅色
6mm 底寬線 110cm * 22條 紅色
6mm 高(四圍)線 90cm * 40條 白色
6mm 收口線 90cm * 1條 任一色
市售提把 1組
面圖紋紅色穿插黑色

正、背面

側面

底部

5.4 花槳包

材料

6mm　縱線　80cm * 41條 淡紫色
6mm　底寬線　90cm * 23條 淡紫色
6mm　高(四圍)線　90cm * 35條 淡紫色
6mm　收口線 90cm * 1條 任一色
市售提把1組
面中心圖紋穿插紫色

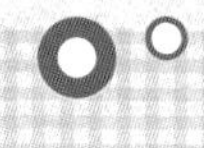

正、背面

側面

底部

5.5 梯紋車輪包

材料

6mm 縱線 80cm * 42條 深藍色
6mm 底寬線 90cm * 18條 深藍色
6mm 高(四圍)線 90cm * 35條 金色
6mm 收口線 90cm * 1條 任一色
市售提把1組

1 2 3 4 5 6 7 8 9 10 11 12 13 14 15 16 17 18 19 20 21 22 23 24 25 26 27 28 29 30 31 32 33 34 35 36 37 38 39 40 41 42 43
6 6 3 3 3 6 6 9 9 9 9 9 6 6 3 3 3 6 6 9 9 9 9 9 6 6 3 3 3 6 6 9 9 9 9 9 6 6 3 3 3 6 6 mm
1 2 3 4 5 6 7 8 9 10 11 12 13 14 15 16 17 18 19 20 21 22 23 24 25 26 27 28 29 30 31 32 33 34 35 36 37 38 39 40 41 42 43 44 45 46 47 48 49 50 51 52 53
6 53
6 52
3 51
3 50
9 49
9 48
6 47
6 46
3 45
3 44
9 43
9 42
6 41
6 40
3 39
3 38
9 37
9 36
6 35
6 34
3 33
3 32
9 31
9 30
9 29
9 28
9 27
9 26
9 25
9 24
9 23
3 22
3 21
6 20
6 19
9 18
9 17
3 16
3 15
6 14
6 13
9 12
9 11
3 10
3 9
6 8
6 7
9 6
9 5
3 4
3 3
6 2
6 1
43 42 41 40 39 38 37 36 35 34 33 32 31 30 29 28 27 26 25 24 23 22 21 20 19 18 17 16 15 14 13 12 11 10 9 8 7 6 5 4 3 2 1
6 6 3 3 3 6 6 9 9 9 9 9 6 6 3 3 3 6 6 9 9 9 9 9 6 6 3 3 3 6 6 9 9 9 9 9 6 6 3 3 3 6 6 mm

正、背面

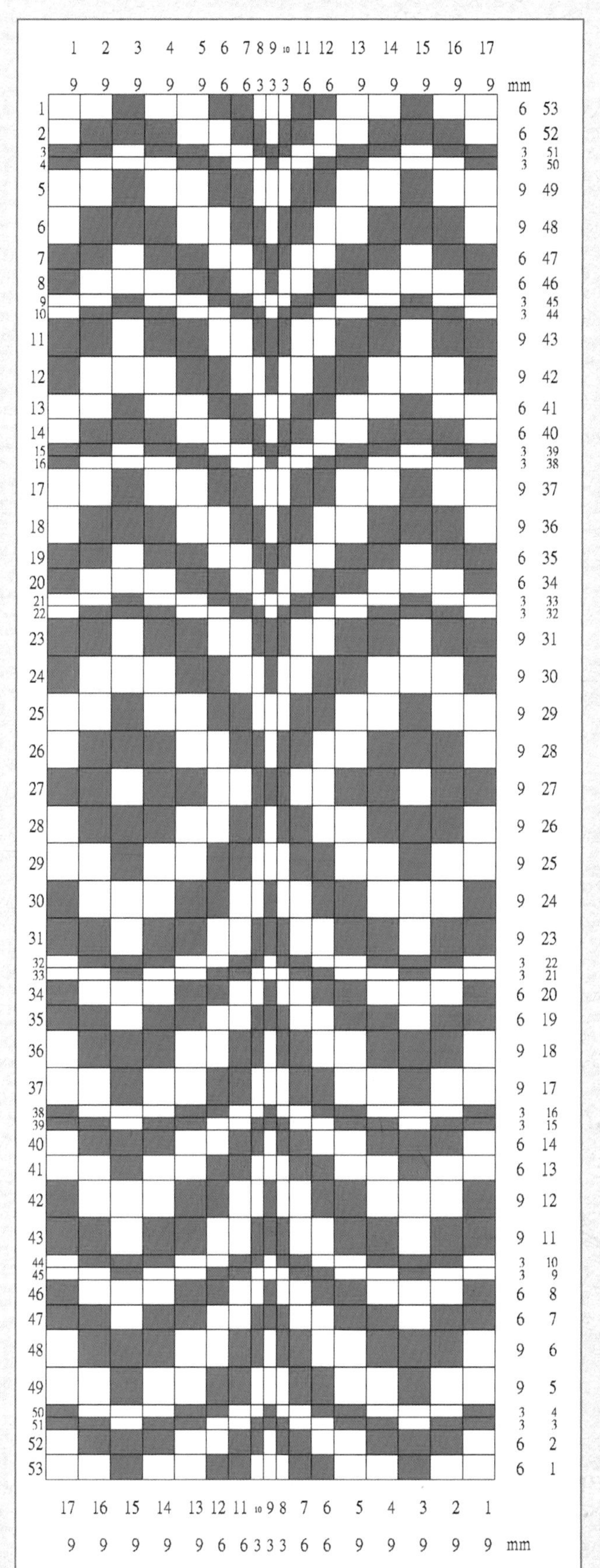

側面

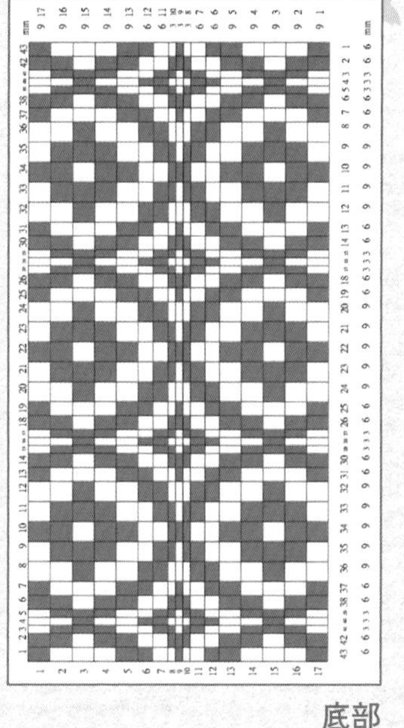

底部

5.6

眼光包

材料

3mm 縱線 100cm * 12條 黑色
6mm 縱線 100cm * 16條 黑色
9mm 縱線 100cm * 15條 黑色
3mm 底寬線 120cm * 3條 黑色
6mm 底寬線 120cm * 4條 黑色
9mm 底寬線 120cm * 10條 黑色
3mm 高(四圍)線 90cm * 16條 米色
6mm 高(四圍)線 90cm * 16條 米色
9mm 高(四圍)線 90cm * 21條 米色
6mm 收口線 90cm * 1條 任一色
皮袋口蓋 1組
市售提把 1組

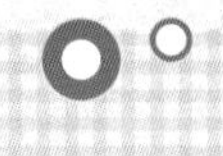

正、背面

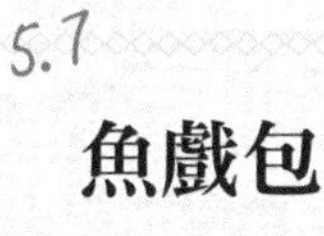

魚戲包

材料

3mm 縱線 80cm * 5條 深藍色
6mm 縱線 80cm * 18條 深藍色
9mm 縱線 80cm * 20條 深藍色
3mm 底寬線 100cm * 1條 深藍色
6mm 底寬線 100cm * 6條 深藍色
9mm 底寬線 100cm * 10條 深藍色
3mm 高(四圍)線 100cm * 4條 水藍色
6mm 高(四圍)線 100cm * 15條 水藍色
9mm 高(四圍)線 100cm * 16條 水藍色
6mm 收口線 100cm * 1條 任一
皮袋口蓋 1組
市售提把 1組
側邊縮口裝飾帶 1組

側面

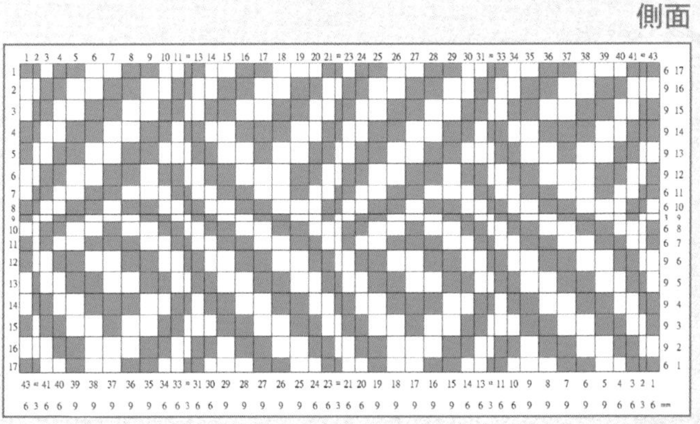

底部

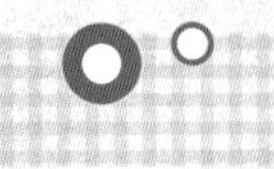

正、背面

側面

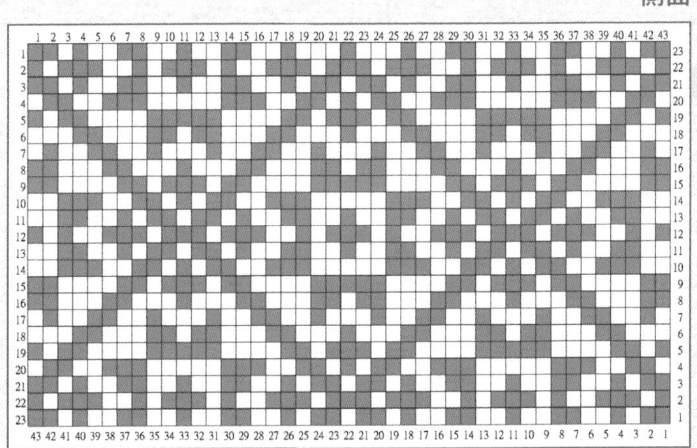

底部

5.8

菱形八角星包

材料

6mm 縱線 90cm * 43條 黑色
6mm 底寬線 100cm * 23條 黑色
6mm 高(四圍)線 90cm * 40條 淺紫色
6mm 收口線 90cm * 1條 任一色
市售提把 1組

正、背面

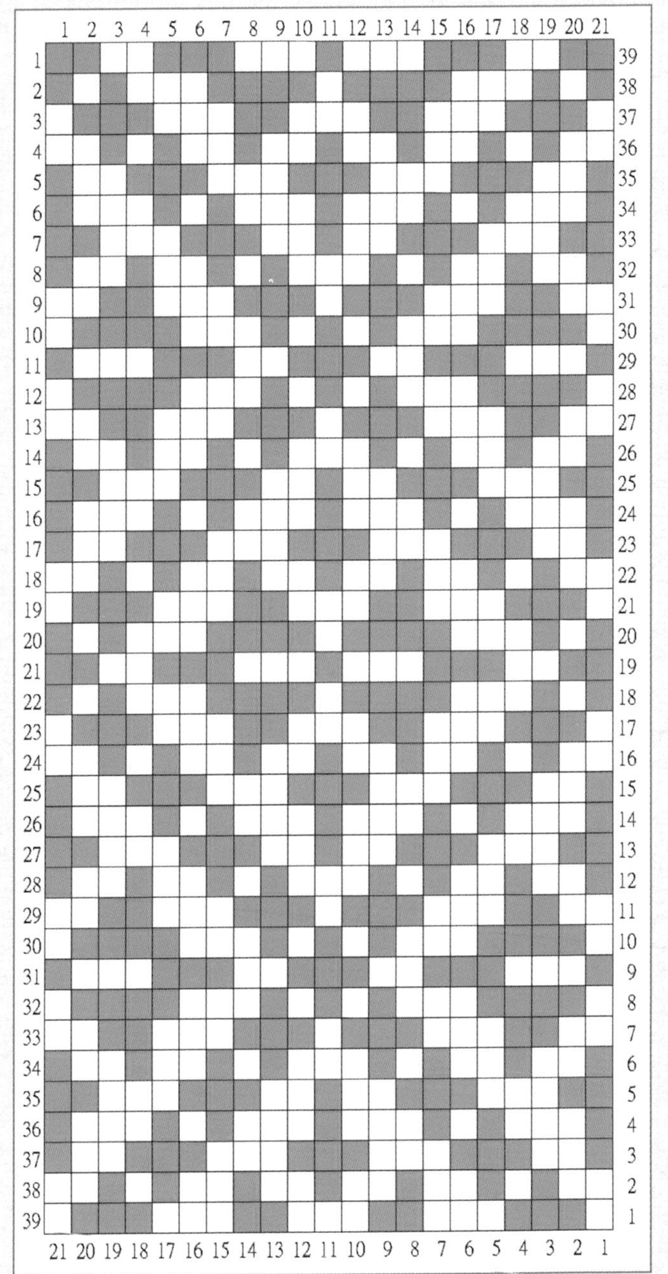

側面

底部

窗魚包

材料

6mm 縱線 80cm * 39條 紅色
6mm 底寬線 100cm * 21條 紅色
6mm 高(四圍)線 90cm * 39條 白色
6mm 收口線 90cm * 1條 任一色
皮袋口蓋 1組
市售提把 1組

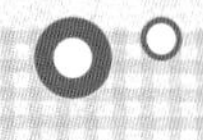

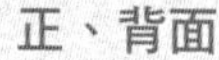

正、背面

雄兵包

材料

6mm 縱線 80cm * 43條 咖啡色
6mm 底寬線 90cm * 19條 咖啡色
6mm 高(四圍)線 90cm * 36條 米色
6mm 收口線 90cm * 1條 任一色
皮袋口蓋 1組
市售提把 1組

側面

底部

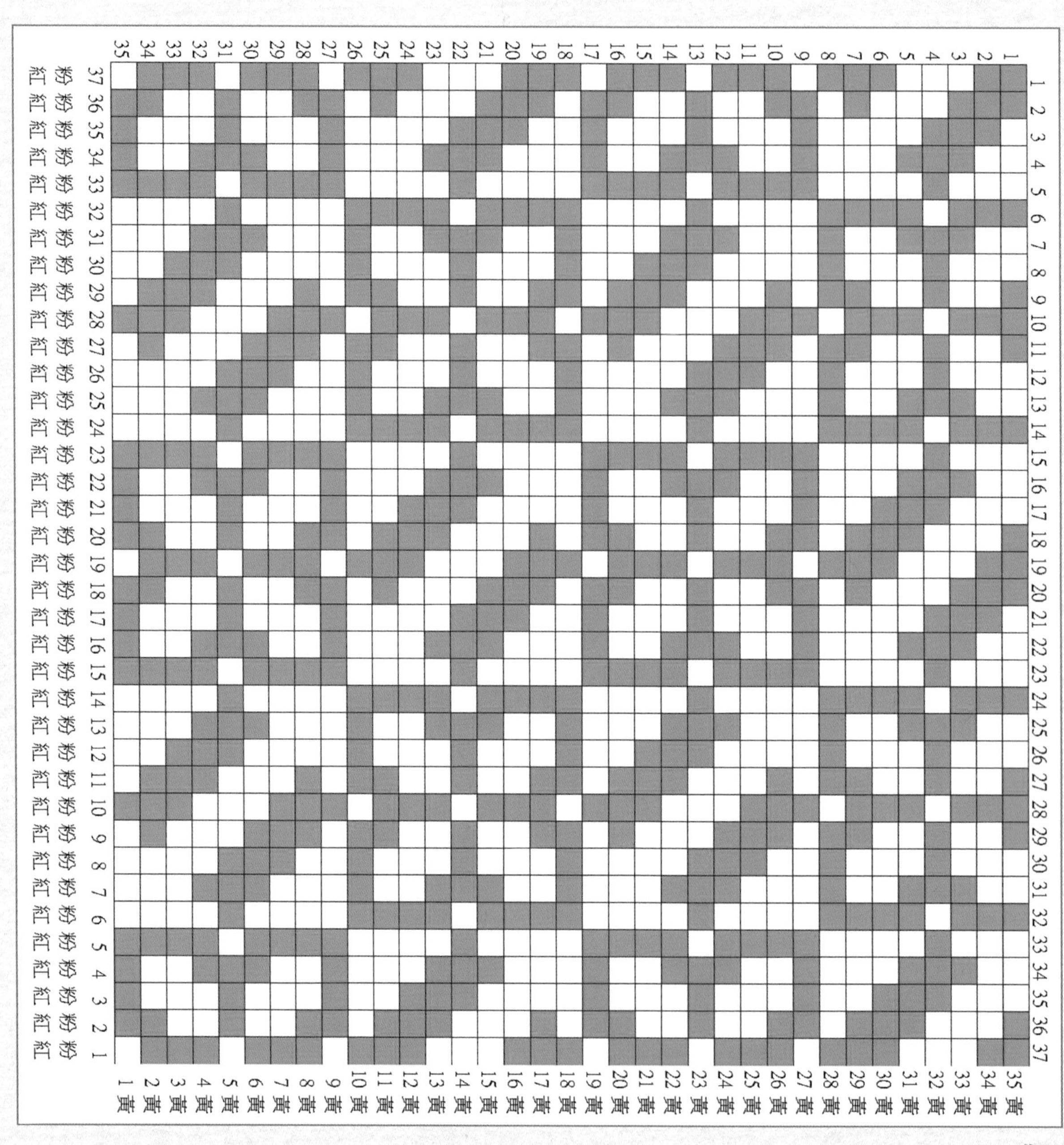

1 黃
2 黃
3 黃
4 黃
5 黃
6 黃
7 黃
8 黃
9 黃
10 黃
11 黃
12 黃
13 黃
14 黃
15 黃
16 黃
17 黃
18 黃
19 黃
20 黃
21 黃
22 黃
23 黃
24 黃
25 黃
26 黃
27 黃
28 黃
29 黃
30 黃
31 黃
32 黃
33 黃
34 黃
35 黃
37 粉紅
36 粉紅
35 粉紅
34 粉紅
33 粉紅
32 粉紅
31 粉紅
30 粉紅
29 粉紅
28 粉紅
27 粉紅
26 粉紅
25 粉紅
24 粉紅
23 粉紅
22 粉紅
21 粉紅
20 粉紅
19 粉紅
18 粉紅
17 粉紅
16 粉紅
15 粉紅
14 粉紅
13 粉紅
12 粉紅
11 粉紅
10 粉紅
9 粉紅
8 粉紅
7 粉紅
6 粉紅
5 粉紅
4 粉紅
3 粉紅
2 粉紅
1 粉紅

正、背面

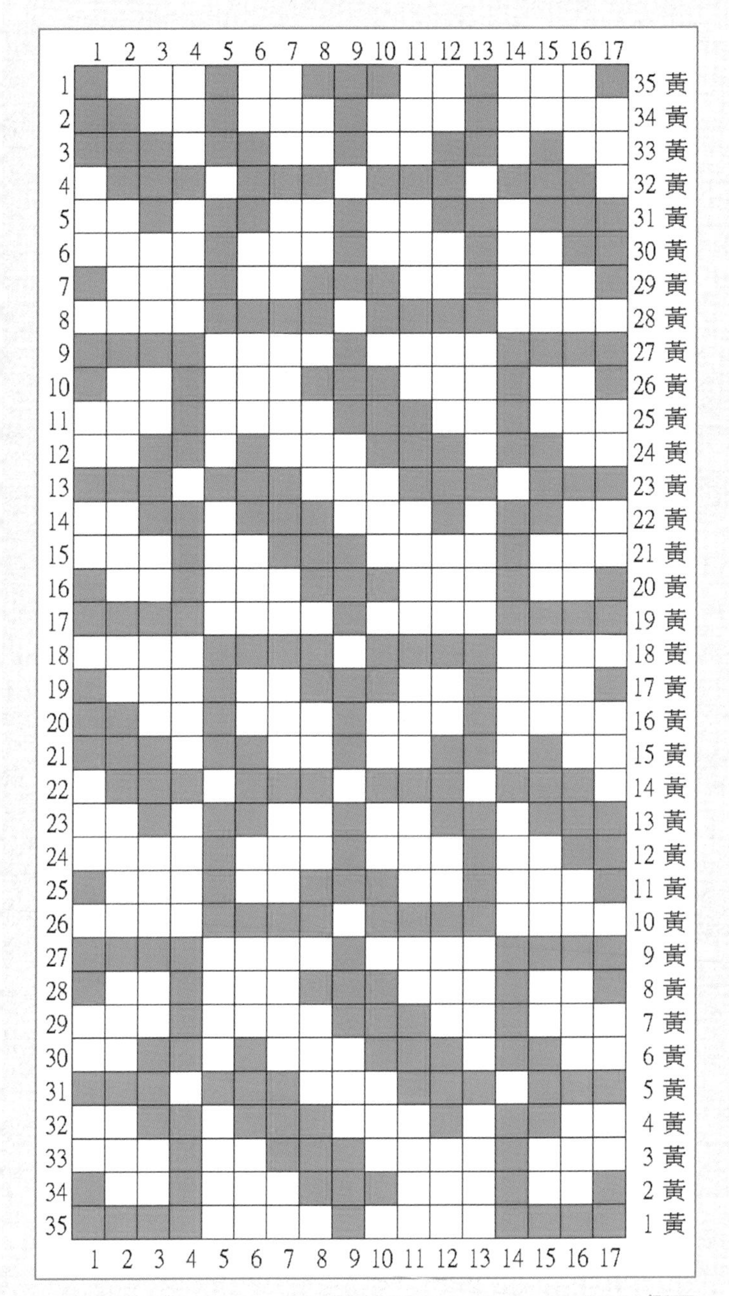

側面

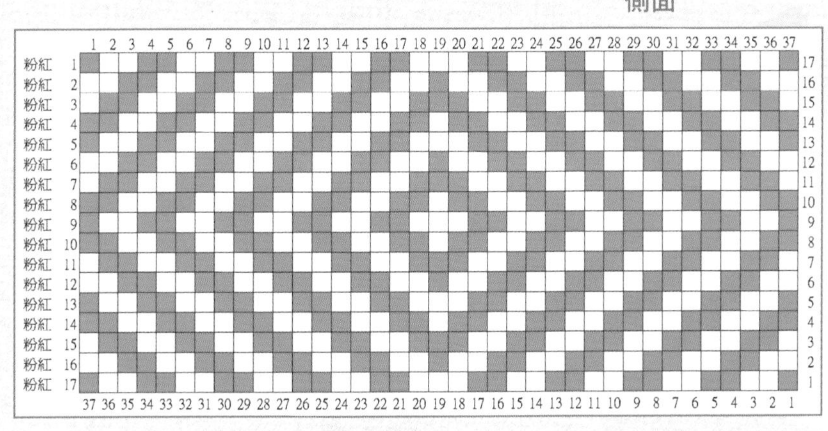

底部

5.11

鈴蘭包

材料

6mm 縱線 80cm * 37條 粉紅色
6mm 底寬線 90cm * 17條 粉紅色
6mm 高(四圍)線 80cm * 35條 黃色
6mm 收口線 80cm * 1條 任一色
花間用餘線加小花片
皮袋口蓋 1組
市售提把 1組

1 2 3 4 5 6 7 8 9 10 11 12 13 14 15 16 17 18 19 20 21 22 23 24 25 26 27 28 29 30 31 32 33 34 35 36 37 38 39 40 41 42
1 2 3 4 5 6 7 8 9 10 11 12 13 14 15 16 17 18 19 20 21 22 23 24 25 26 27 28 29 30 31 32 33 34 35 36 37 38 39 40 41
41 黃 40 黃 39 黃 38 黃 37 黃 36 黃 35 黃 34 黃 33 黃 32 黃 31 黃 30 黃 29 黃 28 黃 27 黃 26 黃 25 黃 24 黃 23 黃 22 黃 21 黃 20 黃 19 黃 18 黃 17 黃 16 黃 15 黃 14 黃 13 黃 12 黃 11 黃 10 黃 9 黃 8 黃 7 黃 6 黃 5 黃 4 黃 3 黃 2 黃 1 黃
42 紅 41 紅 40 紅 39 紅 38 紅 37 紅 36 紅 35 紅 34 紅 33 紅 32 紅 31 紅 30 紅 29 紅 28 紅 27 紅 26 紅 25 紅 24 紅 23 紅 22 紅 21 紅 20 紅 19 紅 18 紅 17 紅 16 紅 15 紅 14 紅 13 紅 12 紅 11 紅 10 紅 9 紅 8 紅 7 紅 6 紅 5 紅 4 紅 3 紅 2 紅 1 紅

正、背面

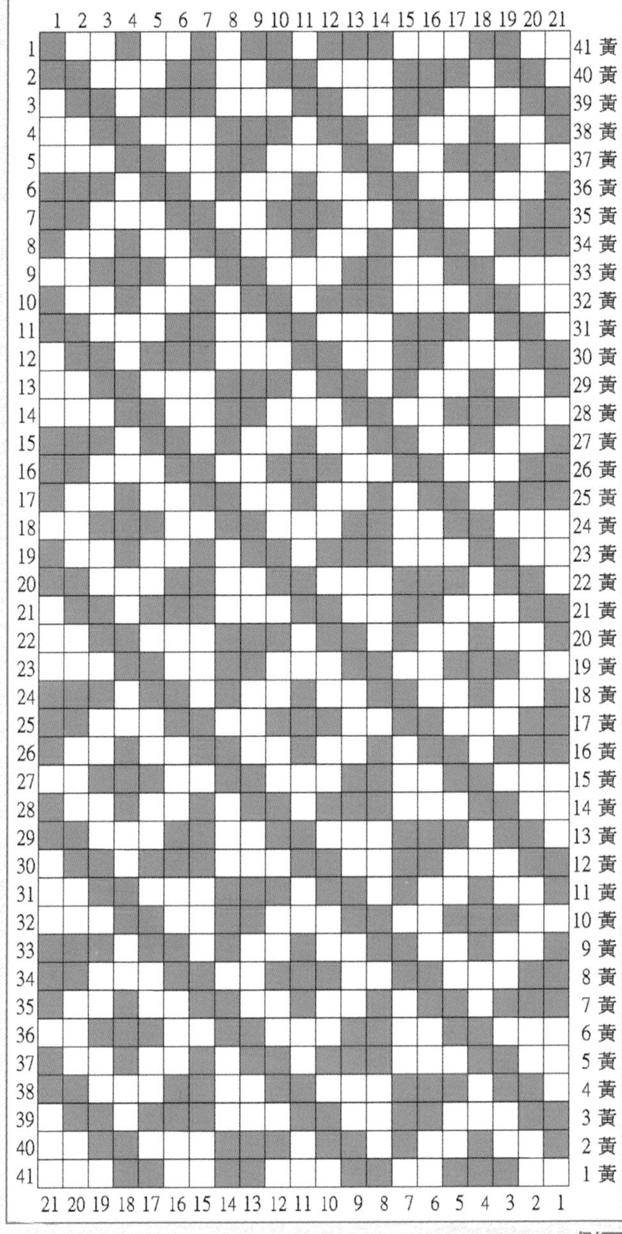

側面

5.12

蝴蝶結包

材料

6mm 縱線 90cm * 42條 紅色
6mm 底寬線 100cm * 21條 紅色
6mm 高(四圍)線 90cm * 41條 黃色
6mm 收口線 90cm * 1條 任一色
市售提把 1組

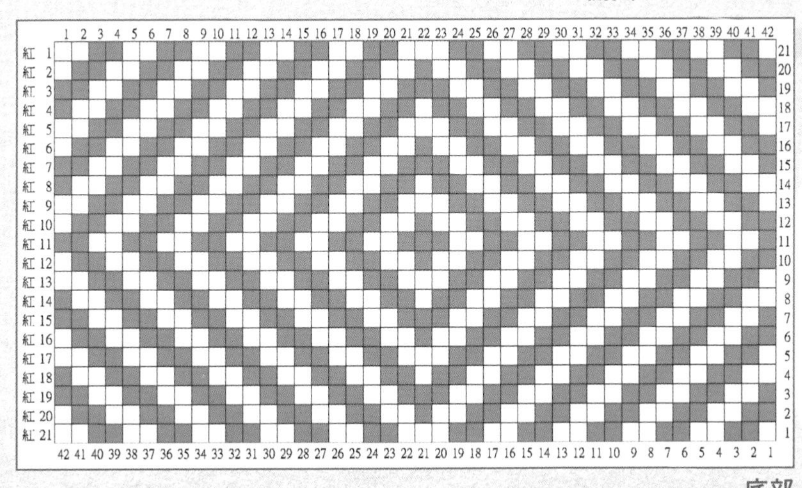

底部

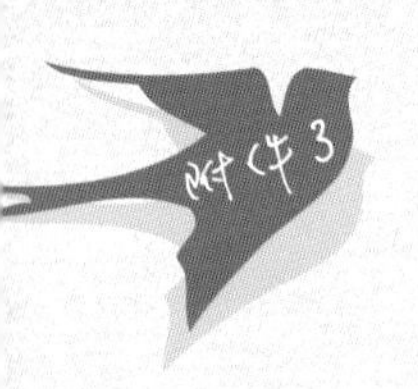

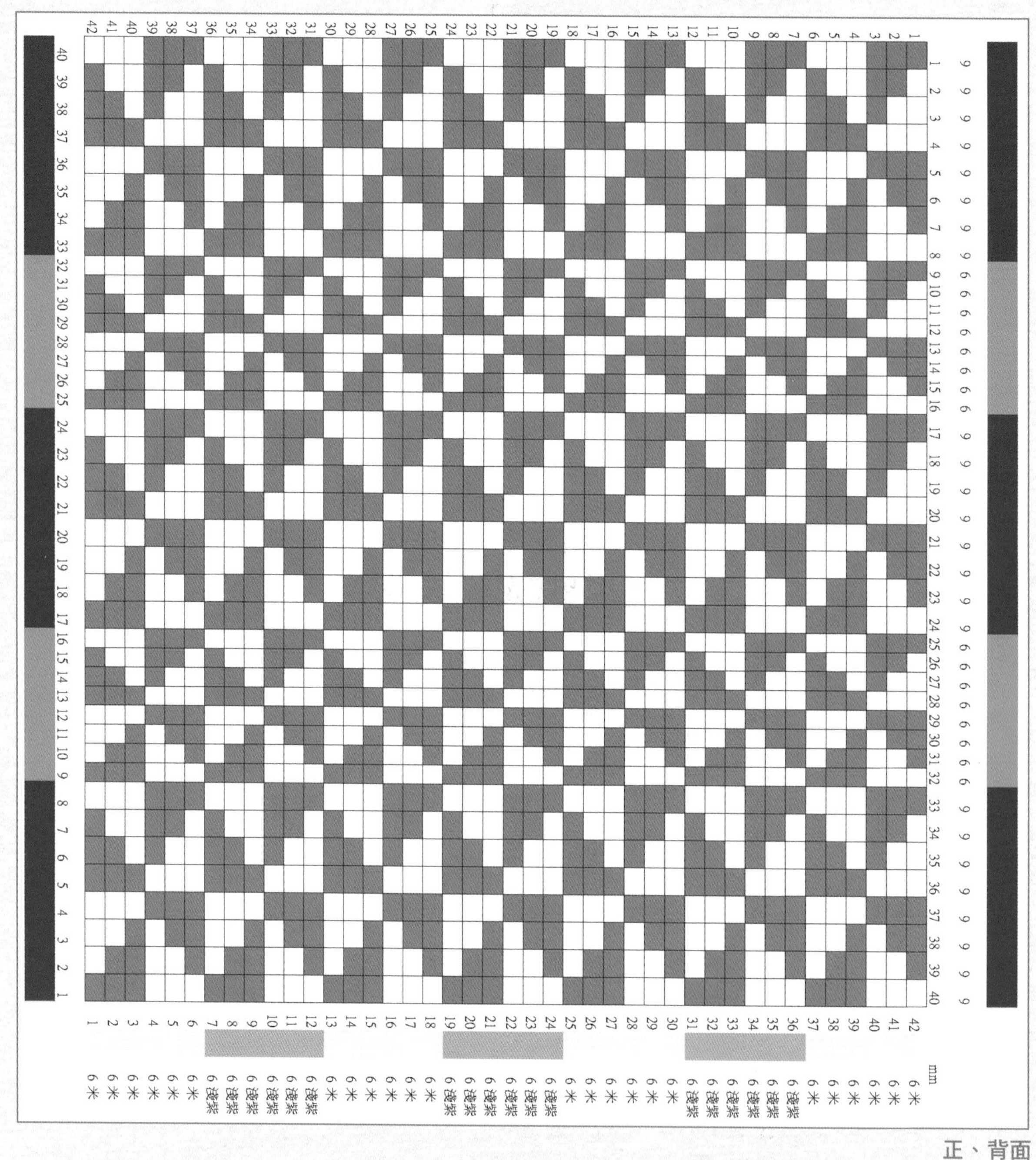

正、背面

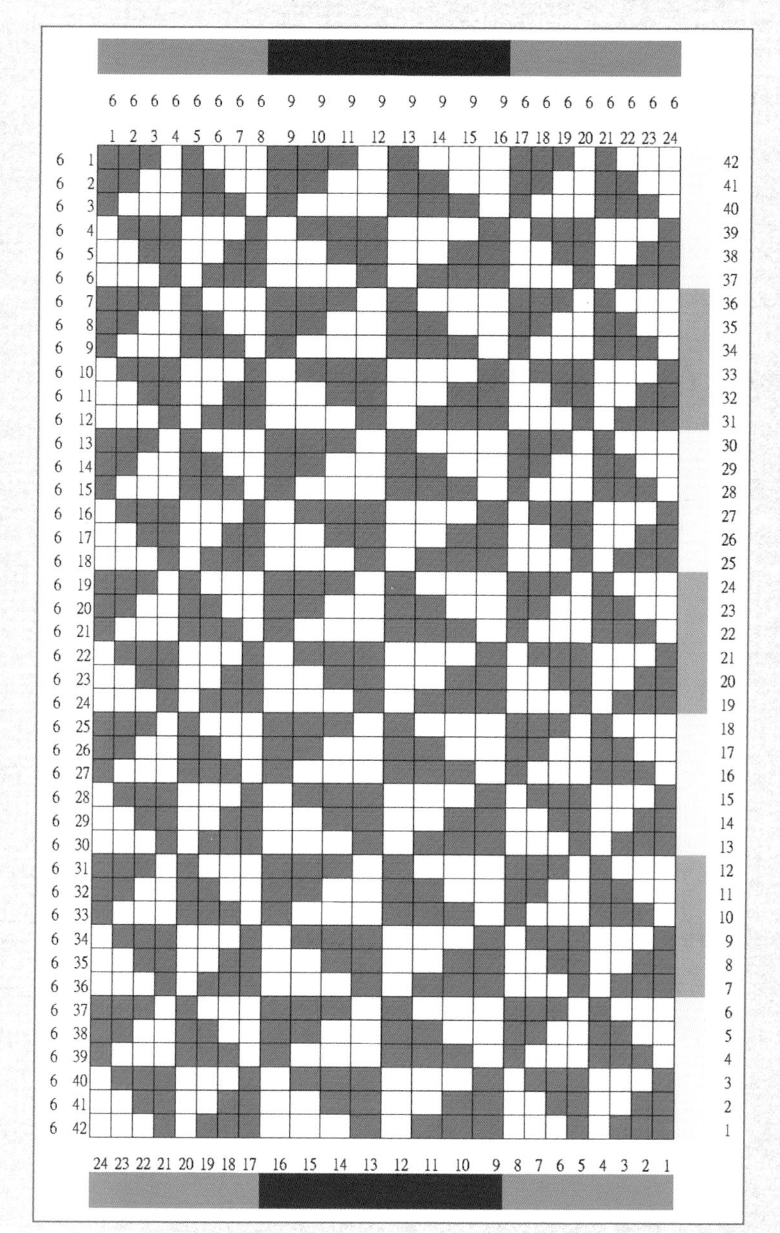

側面

底部

大小風車包

材料

9mm 縱線 100cm * 24條 紅色
6mm 縱線 100cm * 16條 淺綠色
9mm 底寬線 120cm * 8條 紅色
6mm 底寬線 120cm * 16條 淺綠色
6mm 高(四圍)線 100cm * 24條 米色
6mm 高(四圍)線 100cm * 18條 淡紫色
6mm 收口線 100cm * 1條 任一色
皮袋口蓋 1組
市售提把 1組

正、背面

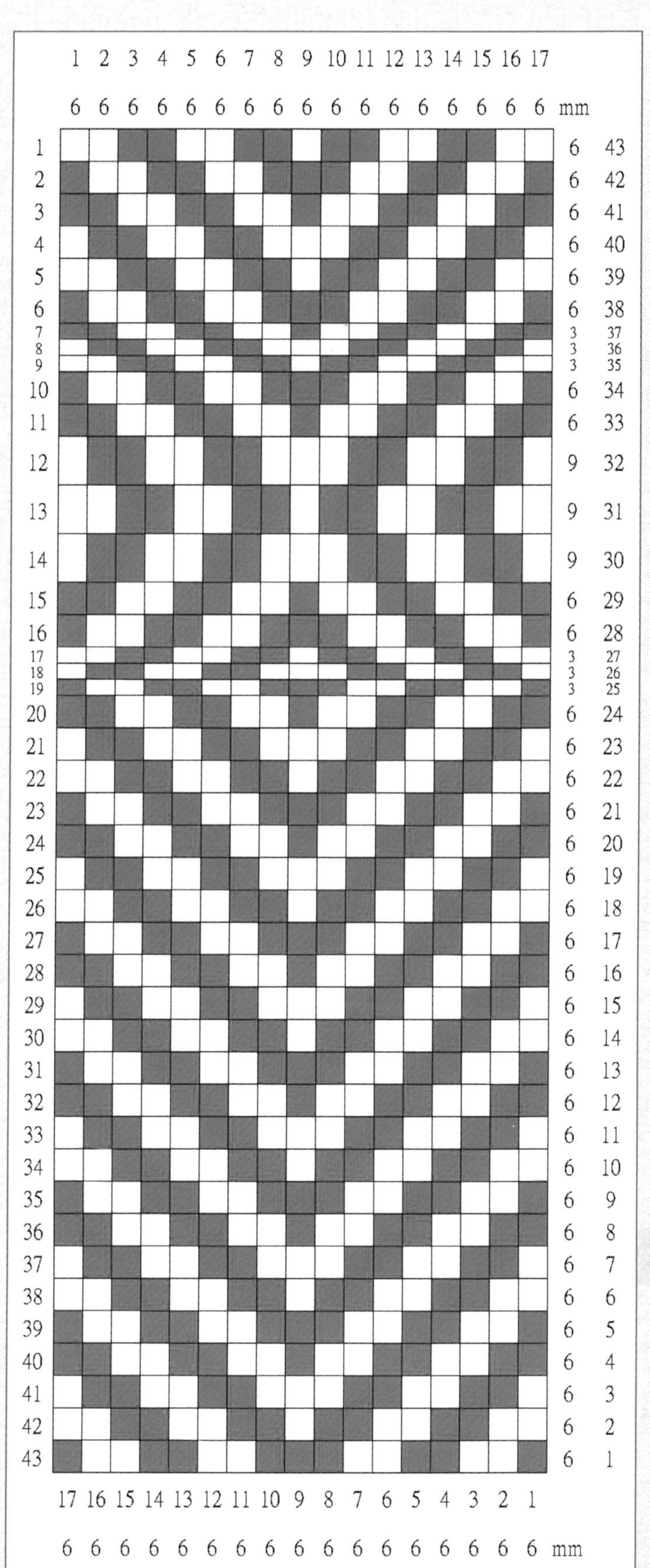

側面

底部

貓頭鷹包

材料

3mm 縱線 90cm * 5條 咖啡色
6mm 縱線 90cm * 12條 咖啡色
9mm 縱線 90cm * 28條 咖啡色
6mm 底寬線 120cm * 17條 咖啡色
3mm 高(四圍)線 100cm * 6條 米色
6mm 高(四圍)線 100cm * 15條 米色
9mm 高(四圍)線 100cm * 3條 米色
6mm 高(四圍)線 100cm * 19條 咖啡色
6mm 收口線 100cm * 1條 任一色
皮袋口蓋 1組
市售提把 1組

正、背面

側面

39 38 37 36 35 34 33 32 31 30 29 28 27 26 25 24 23 22 21 20 19 18 17 16 15 14 13 12 11 10 9 8 7 6 5 4 3 2 1

1 2 3 4 5 6 7 8 9 10 11 12 13 14 15 16 17

6 17, 6 16, 6 15, 6 14, 6 13, 6 12, 9 11, 9 10, 9 9, 9 8, 9 7, 6 6, 6 5, 6 4, 6 3, 6 2, 6 1

1 2 3 4 5 6 7 8 9 10 11 12 13 14 15 16 17 18 19 20 21 22 23 24 25 26 27 28 29 30 31 32 33 34 35 36 37 38 39

9 3 3 6 6 9 9 3 3 6 6 9 9 3 3 6 6 9 9 9 9 9 6 6 3 3 9 9 6 6 3 3 9 9 6 6 3 3 9 mm

底部

5.15

薔薇花淑女包

材料

3mm 縱線 90cm * 12條 咖啡色
6mm 縱線 90cm * 12條 咖啡色
9mm 縱線 90cm * 15條 咖啡色
6mm 底寬線 100cm * 12條 咖啡色
9mm 底寬線 100cm * 5條 咖啡色
3mm 高(四圍)線 90cm * 8條 米色
6mm 高(四圍)線 90cm * 12條 米色
9mm 高(四圍)線 90cm * 13條 米色
6mm 收口線 90cm * 1條 任一色
皮袋口蓋 1組
市售提把 1組

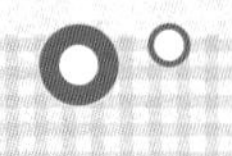

正、背面

5.16
堇花包

材料

3mm 縱線 80cm * 20條 胭脂色	3mm 高(四圍)線 90cm * 16條 銀色
6mm 縱線 80cm * 18條 胭脂色	6mm 高(四圍)線 90cm * 16條 銀色
9mm 縱線 80cm * 12條 胭脂色	9mm 高(四圍)線 90cm * 11條 銀色
3mm 底寬線 100cm * 4條 胭脂色	6mm 收口線 90cm * 1條 任一色
6mm 底寬線 100cm * 6條 胭脂色	皮袋口蓋 1組
9mm 底寬線 100cm * 6條 胭脂色	市售提把 1組

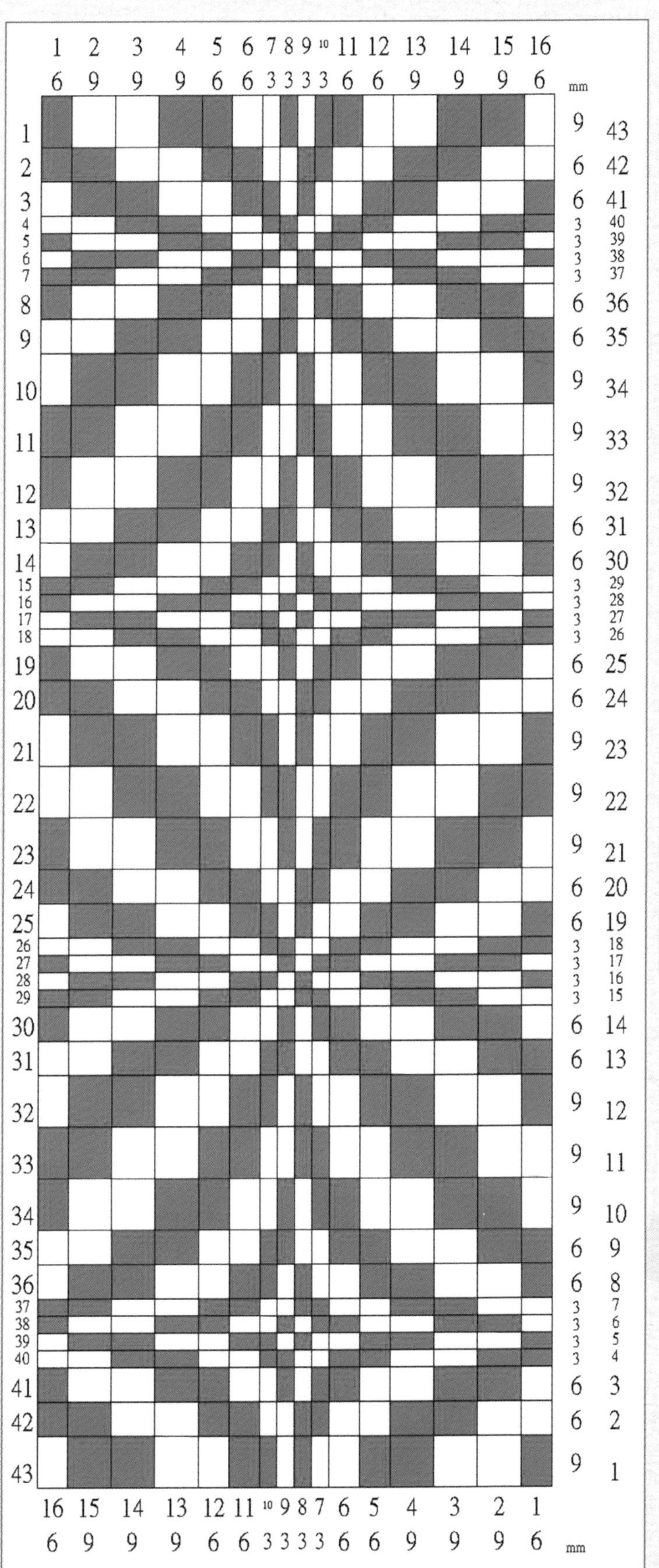
1 2 3 4 5 6 7 8 9 10 11 12 13 14 15 16
6 9 9 9 6 6 3 3 3 3 6 6 9 9 9 6 mm
1 9 43
2 6 42
3 6 41
4 3 40
5 3 39
6 3 38
7 3 37
8 6 36
9 6 35
10 9 34
11 9 33
12 9 32
13 6 31
14 6 30
15 3 29
16 3 28
17 3 27
18 3 26
19 6 25
20 6 24
21 9 23
22 9 22
23 9 21
24 6 20
25 6 19
26 3 18
27 3 17
28 3 16
29 3 15
30 6 14
31 6 13
32 9 12
33 9 11
34 9 10
35 6 9
36 6 8
37 3 7
38 3 6
39 3 5
40 3 4
41 6 3
42 6 2
43 9 1
16 15 14 13 12 11 10 9 8 7 6 5 4 3 2 1
6 9 9 9 6 6 3 3 3 3 6 6 9 9 9 6 mm

側面

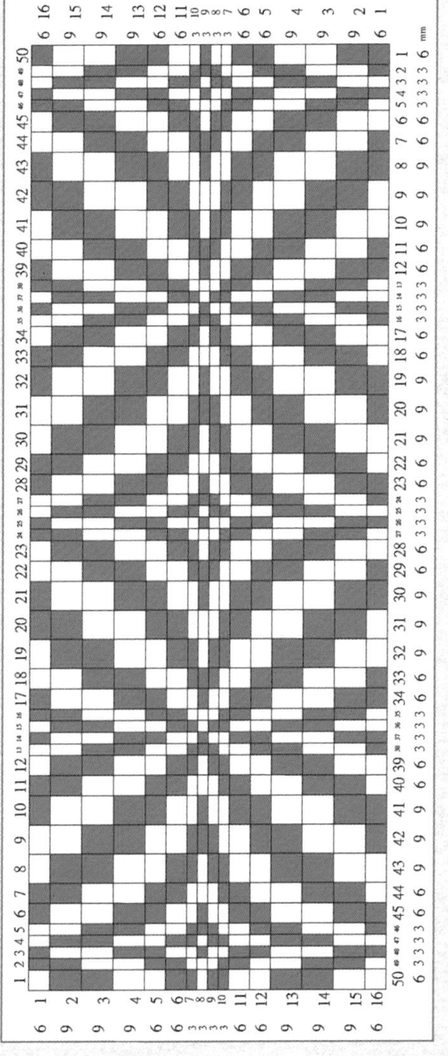
1 2 3 4 5 6 7 8 9 10 11 12 13 14 15 16
6 9 9 9 6 6 3 3 3 3 6 6 9 9 9 6

底部

國家圖書館出版品預行編目資料

歐燕PP帶編織教學 / 廖歐淑燕 著 --初版--
臺北市：博客思出版事業網：2013.6
ISBN：978-986-6589-98-0（平裝）
1.編織 2.手工藝

426.4 102009598

[生活美學 9]

PP帶編織教學

作　　者：廖歐淑燕
美　　編：鄭荷婷
封面設計：鄭荷婷
執行編輯：張加君
出 版 者：博客思出版事業網
發　　行：博客思出版事業網
地　　址：台北市中正區重慶南路1段121號8樓14
電　　話：(02)2331-1675或(02)2331-1691
傳　　真：(02)2382-6225
E—MAIL：books5w@gmail.com或books5w@yahoo.com.tw
網路書店：http：//store.pchome.com.tw/yesbooks/
http：//www.5w.com.tw/
博客來網路書店、博客思網路書店、華文網路書店、三民書局
總 經 銷：成信文化事業股份有限公司
劃撥戶名：蘭臺出版社　帳號：18995335
香港代理：香港聯合零售有限公司
地　　址：香港新界大蒲汀麗路36號中華商務印刷大樓
C&C Building, 36,Ting, Lai, Road, Tai,Po, New,Territories
電　　話：(852)2150-2100　　傳真：(852)2356-0735
出版日期：2013年6月 初版
定　　價：新臺幣550元整（平裝）
ISBN：978-986-6589-98-0